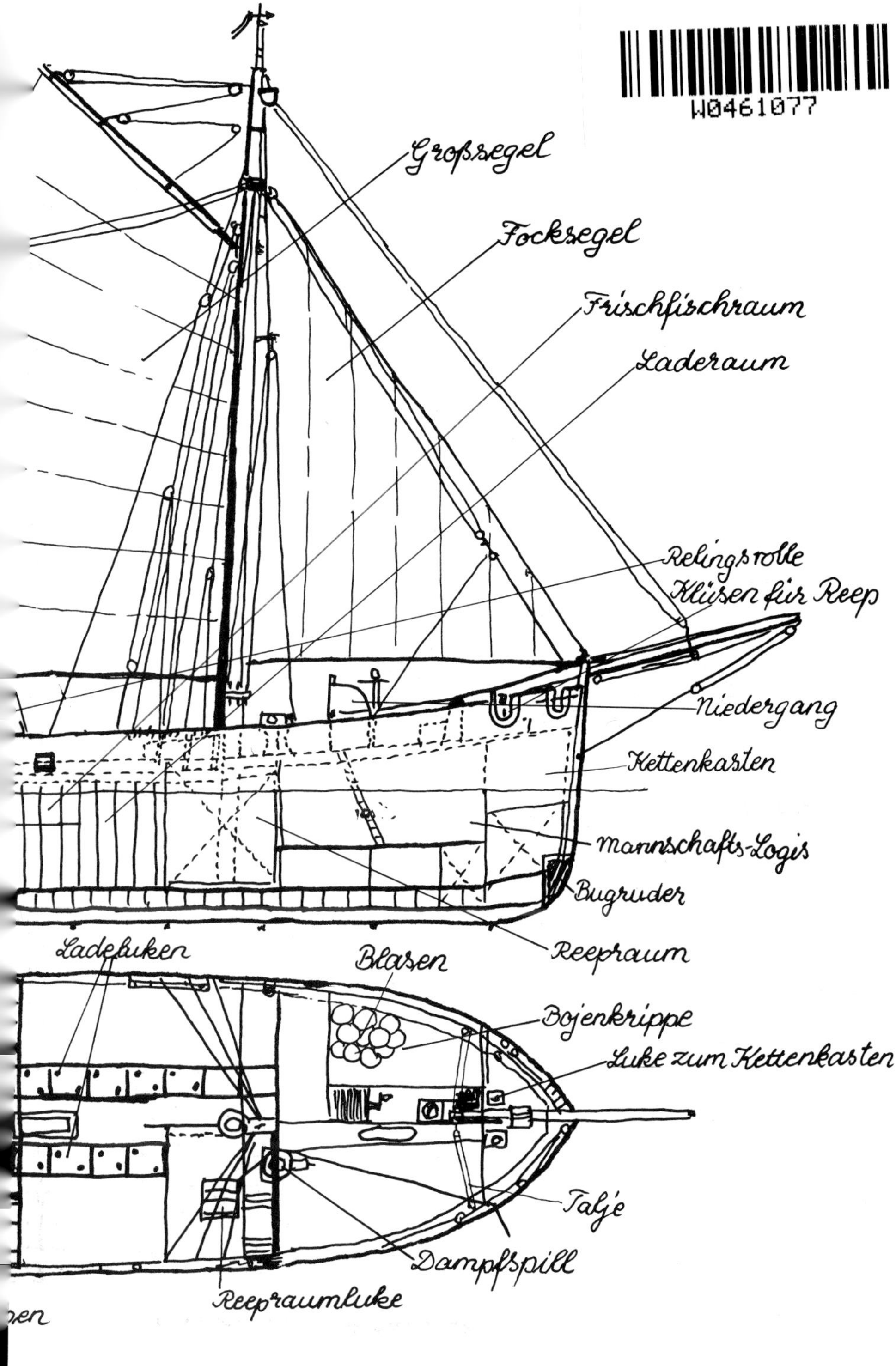

Großsegel
Focksegel
Frischfischraum
Laderaum
Relingsrolle
Klüsen für Reep
Niedergang
Kettenkasten
Mannschafts-Logis
Bugruder
Reepraum
Ladeluken
Blasen
Bojenkrippe
Luke zum Kettenkasten
Talje
Dampfspill
Reepraumluke

Jens Rösemann

# Kok-in-Ruum
## auf dem Heringslogger

eine Jugend auf See oder
das Streben nach Vollkommenheit

*Bremer Biografische Bibliothek*

Johann Heinrich Döll Verlag

Oberneulander Landstraße 185
28355 Bremen

Illustrationen: Günter Steinebach
unter Verwendung von Motiven, die
vom Heimatmuseum Schloß Schönebeck
zur Verfügung gestellt wurden.
ISBN 3-88808-227-7

## Einführung

Der Verfasser dieser Geschichte hat einen Teil seiner „freudlosen“ Jugend (beliebte Redewendung der Heringsfischer, die so ernst nicht gemeint war) auf einem Heringslogger zugebracht.

Die vorliegenden Zeilen sind ein Versuch, die Arbeitsweise und das Leben auf diesen Schiffen zu schildern. Dieses kann wohl nur überzeugend gelingen, wenn man auch die Menschen beschreibt, die diese schwere Art des Broterwerbs gewählt hatten. Wie man sehen wird, gab es genug unter ihnen, die sich zur Fischerei berufen fühlten. Indem sie sich einem rigiden Berufsethos unterwarfen, waren sie fähig, dieses Leben sogar noch mit einer gewissen Befriedigung zu bestehen und den nachfolgenden Jungen das Streben nach Vollkommenheit weiterzuvermitteln. Fraglich ist, ob totale Hinwendung durch die Nutznießer jemals adäquat honoriert worden ist.

Die Fischereigesellschaft ist von Anfang an bis zu ihrem Ende rein patriarchalisch geführt worden. Dieses Patriarchat mußte angesichts der Marktlage eine gewisse sparsame Betriebsführung praktizieren. Daß es sich aber bei der Behandlung seiner Besatzungen grundsätzliche Fehler erlaubte, mag hier durch ein geflügeltes Wort belegt werden, das jedem Heringsfischer während jener Zeit vertraut war.

Außerhalb der Fangsaison, die in der Regel von Mai bis Dezember dauerte, gab es nur für einen kleinen Teil der Seeleute Beschäftigung im Landbetrieb. Fragte nun ein Fischermann, den das glückliche Los nicht getroffen hatte, nach Beschäftigung während der Winterzeit, dann antwortete ihm der Kontorleiter: „Kommen Sie wieder, wenn die Sonne höher steht!“

Wie wird wohl diese Antwort eines Kaufmanns, der im angenehmen Klima und trockener Kleidung seine Leistung in Form eines Achtstundentags bei freien Wochenenden erbrachte, auf einen Fischersmann gewirkt haben, der während der achtmonatigen Saison den Unbilden jeden Wetters bei schwerster Arbeit während der Siebentagewoche ausgesetzt war?

Es blieb ihm also nur die vage Möglichkeit, für den Winter einen Platz auf einem Fischdampfer zu ergattern, oder aber der Weg in die Arbeitslosigkeit bis zum Beginn der nächsten Saison.

So blieb es nicht aus, daß bei besser werdenden Arbeitsbedingungen an Land die Fischersleute das dort geregelte Arbeitsleben dem entbehrungsreichen und schweren Dasein auf See vorzogen. Obwohl portugiesische Fischer angeworben wurden, konnten im Jahr 1960 mehrere Logger nicht mehr besetzt und mußten aufgelegt oder vorzeitig verschrottet werden. Damit begann das Ende der fast hundertjährigen Geschichte der Bremen-Vegesacker Fischereigesellschaft.

Die Gesellschaft war im Jahre 1895 durch bremische Kaufleute gegründet worden. Der wirtschaftliche Erfolg des Unternehmens war durchaus wechselhaft und wurde oft vom Schrei nach staatlicher Unterstützung begleitet. Gleichwohl entwickelte sich das Unternehmen zwischen den beiden Weltkriegen zum größten seiner Art in Europa.

Man begann mit kleinen Segelloggern. Anfang des Jahrhunderts wurden Dampflogger mit 70 PS Maschinenstärke gebaut. Nach dem ersten Weltkrieg wurden fast nur noch Motorlogger in Auftrag gegeben. Deren Maschinenstärke betrug anfangs 50, bis 180 PS bei den zuletzt gebauten Treibnetzloggern. Alle hatten Besegelung (Fock, Großsegel und Besan). Offiziell wurden sie als „Segelschiff mit Hilfsmotor“ in den Registern geführt.

Die Besatzungen stammten aus dem Bereich der Mittelweser und wurden vereinfachend „Bückeburger“ genannt. Aus diesem strukturschwachen Gebiet waren die erwachsenen Männer früher mit ihren Sensen zur Grasmahd nach Holland gewandert. Einmal dort, verdingten sie sich zunehmend bei der in Holland schon länger bestehenden Heringsfischerei. Bei der Gründung der deutschen Heringsfischerei konnte man auf voll ausgebildete Fischer aus jener Region zurückgreifen. Es waren durchweg gute Seeleute, die mit einer gewissen Genügsamkeit die Entbehrungen und Härten des Berufslebens ertrugen – nicht zuletzt dadurch, daß sie von klein auf an dieses Leben gewöhnt waren. An Bord bildeten sich typische Traditionen und Redewendungen aus, die von den anderen Fischern zuweilen belächelt wurden. Daher hatten es die „Nicht-Bückeburger“ schwer, dort Fuß zu fassen. Trotzdem gab es nach und nach immer mehr Heringsfischer, die aus dem Küstengebiet stammten. So ergab es sich, daß es in der Zeit vor dem zweiten Weltkrieg schon einige Logger mit Besatzungen ausschließlich aus Vegesack und Umgebung gab. Für den Insider war zu erkennen, daß sich gewisse Unterschiede im Bordleben entwickelten, die in der Herkunft der Besatzungen begründet waren. Bei gemischten Besatzungen beharrten die Mitglieder auf ihren jeweiligen landsmännischen Eigenheiten, was in der Regel nicht zu Auseinandersetzungen führte, sondern sich in einer gewissen gutmütig-spöttischen Nachsicht äußerte.

Da die Sprache dieses Buches eine seemännische sein muß, wird empfohlen, das Sachwortverzeichnis vorher gründlich zu lesen. Es ist für den Laien eben nicht einfach, sich mit diesem Gegenstand vertraut zu machen. Der Verfasser tröstet sich über den Makel damit hinweg, daß die Beschreibung eines derart mühseligen Lebens eben auch mit einem kleinen Aufwand von Mühsal gelesen werden muß.

An dieser Stelle bedanke ich mich bei den hilfsbereiten und ehrenamtlich tätigen Damen und Herren des Heimatmuseums Schloß Schönebeck in Bremen und bei den Redakteuren und Archivmitarbeitern des Deutschen Schiffahrtsmuseums in Bremerhaven.

Für die Illustration und die damit verbundenen Anregungen bedanke ich mich bei Herrn G. Steinebach, Tangstedt bei Hamburg. Sophie Hollanders danke ich für die verständnisvolle Bearbeitung des Manuskripts.

Bremen, im August 1996

Jens Rösemann

# 1

Es war einer jener schönen Vorsommerabende in der nördlichen Nordsee. Der Wind hatte einige Tage mäßig aus nördlichen Richtungen geweht. Eine ebensolche Dünung wurde von dem Jungen wie ein Atmen der See empfunden, eines Elements, dem seine empfindliche Knabenseele nunmehr nach zwei Reisen verfallen war. Er wußte es nur noch nicht. Seine Seele erblühte und bereitete ihm gelegentlich Empfindungen höchsten Glücks. Es mußte nicht schönes Wetter sein, das solche Gefühle hervorrief. Die See – seine See – bescherte ihm auch dann solche Empfindungen, wenn sie sich von ihrer urgewaltigen Seite zeigte. Auch konnten die Glücksgefühle ganz spontan auftreten. So zum Beispiel, wenn er bei windigem Wetter aus der Kap nach achteraus sah, Gischt über das Vorschiff sprühte und sich das Licht in einzelnen Heringsschuppen an den Planken brach.

Eine ähnliche Stimmung schien sich jetzt wieder einzustellen, obwohl er der See gar nicht ansichtig wurde. Sein Schiff, der Logger „Völklingen" der Bremen-Vegesacker Fischereigesellschaft, befand sich beim Aussetzen der Fleet (d. h. die gesamte Anzahl der Treibnetze mit Zubehör).

Deutsche Fleet, 120 Netze. Das hieß: Jedes Netz von dreißig Metern Länge und fünfzehn Metern Tiefe war an der oberen Kante (dem Spireep) mit den Floten (Korken) und an der unteren Kante mit Blei bestückt. Pro Netz befand sich am Anfang und in der Mitte des Spireeps ein Zeising (Tauende von ca. Fingerdicke) von fünf Faden Länge (etwa acht Metern). Mittels dieser Zeisinge wurde das Netz an den entsprechenden Markierungen des Reeps angeknotet. Damit hing die Treibnetzfleet wie folgt im Wasser:

An der Oberfläche die Blasen, darunter ca. fünf Meter tiefer der Reep, weiter ca. sieben Meter tiefer das eigentliche Netz, und zwar von der Ober- bis zur Unterkante fünfzehn Meter Netzwerk, Want genannt. In dessen 2,5 bis 3 cm großen Maschen würden sich die Heringe auf ihrer nächtlichen Wanderschaft etwas unterhalb der Meeresoberfläche verhaken. Wenn es denn die See und unser aller Schöpfer so wollten.

# Ein Segellogger mit Treibnetz und Dieselmotor

Beim Fischen wurde nur das Besansegel gesetzt

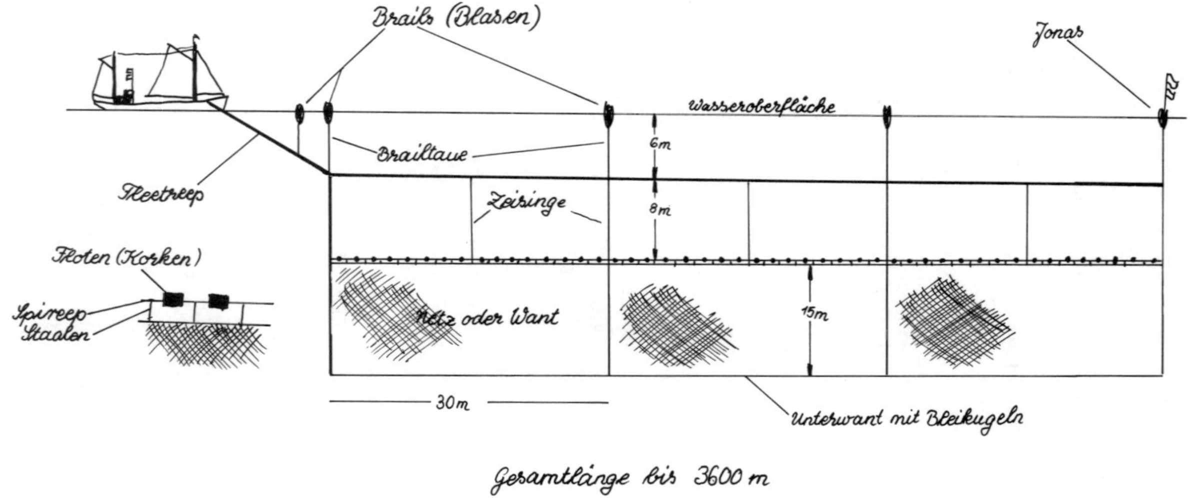

Der Reep war unserem Jungen, der Jan hieß und „Reepie“ gerufen wurde, anvertraut. Es war Tauwerk von der Dicke eines Kinderarms, unzählige Male geteert und mit Markierungen versehen, die halbe und ganze Netzlängen anzeigten. Die Länge des Reeps betrug ungefähr vier Kilometer. Er wurde jeden Abend auf See ausgefahren, um die Netze daran zu befestigen. Der Reepschieter, so die Funktionsbezeichnung des Jungen, hockte derweil im Reepraum im Vorschiff unter Deck und hatte darauf zu achten, daß die unzähligen Buchten dieses sperrigen Tauwerks stets klar aus dem Reepraum an Deck rauschten. Das Ausrauschen bewirkte die ganz langsam rückwärts laufende Maschine des Schiffes, das bei diesem Vorgang aus dem Vordersteven mittels Vorderruders gesteuert wurde. Das Vorderruder wurde statt durch ein Ruderrad mit der Talje (eine Art Flaschenzug) bewegt.

Nachts wurde der Reep wieder eingehievt. Hierbei oblag es dem Jungen, den Reep fein säuberlich in großen Buchten und glatten Schichten so aufzuschießen, daß er erstens vollständig im Reepraum untergebracht wurde und zweitens so klar lag, daß beim Ausrauschen des Reeps während des nächsten Aussetzens kein Unterschneiden einer Bucht geschehen konnte.

Ein solches Unterschneiden würde im selben Augenblick das größte Chaos im Reepraum anrichten, ihn, den Reepschieter, in Gefahr bringen und das Aussetzen unter Umständen zu einem Fiasko werden lassen, falls nicht die erforderlichen Notmaßnahmen schnell und präzis ablaufen würden. Unser Reepschieter war sich seiner Verantwortung voll bewußt. Die bisher wiederkehrende Horrorvorstellung seines Scheiterns begannen aus seiner Vorstellung zu verschwinden. In doppelter Hinsicht befand er sich nunmehr auf sicherem Boden, denn mittlerweile waren ihm auch Seebeine gewachsen.

Die See und der Schöpfer hatten es offenbar gut mit der Besatzung der „Völklingen“ gemeint. Das Wetter war in den letzten Tagen gut gewesen, sie hatten jeden Tag zwischen 80 und 130 Kantje (Faßeinheit mit einer Füllmenge von ca. 800 Heringen) von guter Qualität gefangen. Die Qualität war nicht nur wichtig für die Aktionäre der Fischereigesellschaft, sondern auch sehr angenehm für die Hände der Schlachter. Denn guter Hering war fleischig und fett. Daher stach man sich beim Schlachten nicht an Gräten, und das Fett pflegte die Haut, wie eine Lebertran-Creme es tun würde. Die Besatzung konnte sich außerdem der berechtigten Hoffnung hingeben, in Kürze mit voller Ladung die Heimreise anzutreten. Es waren nur noch 80 leere Fässer an Bord. Mit 1060 Kantjes wäre die „Völklingen“ dann voll beladen.

Wie alle anderen Besatzungsmitglieder hatte unser Reepschieter die letzten Tage der guten Fänge wegen hart und lange gearbeitet. So auch an diesem Tag. Nach dem Holen und Frühstück hatte das Kehlen des Fanges so lange gedauert, daß das Mittagessen zwei Stunden später als sonst stattfand. Das Mittagessen hatte der Besatzung eine gewisse Ruhepause verschafft. Nicht so den beiden Jungen, Afhauer und Reepschieter. Sie hatten das Essen von der Kombüse holen und gleich nach dem Essen abbacken müssen (Abräumen des Eßgeschirrs). Da sie während der folgenden Arbeit, des Fässer-Dichtmachens, als bewegliches Werkzeug- und Materiallager an Deck hin und her zu springen hatten, gab es zwischen Backschaft (Auf- und Abdecken sowie Essenholen, Reinigen und Verstauen des Eßgeschirrs) und der folgenden Arbeit keine Ruhepause für sie. Jungs hatten als erste an Deck und gut vorbereitet zu sein.

Bei guten Fängen empfindet jeder Fischer eine Ruhepause von zehn Minuten schon als Geschenk des Himmels. Bei der Verteilung dieser Art von Geschenken gingen die beiden Jungen oft leer aus. Das war selbst auf diesem Schiff so, wo man ihnen nicht so autoritär gegenübertrat wie auf den meisten anderen Loggern dieser Zeit.

Das Fässer-Dichtmachen und die Vorbereitung auf den nächsten Fang hatten so lange gedauert, daß es anschließend gleich Abendbrot gab. Nach dem Abendessen würde das Aussetzen der Fleet nach einer Stunde beendet sein. Dann würde für den Reepschieter eine Nachtruhe von fast fünf Stunden beginnen. Die Vorfreude darauf konnte er schon jetzt genießen, denn die Aufsicht über das Klarlaufen des Reeps war eine gemütliche Angelegenheit. Um so mehr, da er inzwischen gelernt hatte, seinen Reep so sorgfältig aufzuschießen, daß eine Störung nahezu ausgeschlossen war. Daher empfindet Jan trotz seines Aufenthalts in einem dunklen und nach

Teer stinkenden Kasten das Aussetzen als Wohltat. Er muß übrigens diesen Vorgang nicht sehen, um zu wissen, was an Deck geschieht. Anhand der Geräusche kann er die Vorgänge an Deck sowohl beim Aussetzen als auch beim Hieven erfassen. Wie weit die Fleet ausgesetzt oder eingeholt ist, erkennt er an der Menge seiner Buchten im Reepraum.

Alle Arbeiten auf einem Logger geschehen nach einer Organisationsform, die sich in mehr als hundert Jahren entwickelt hat. Die Funktionen der einzelnen Besatzungsmitglieder sind genau festgelegt.

Obwohl die „Völklingen" im letzten Vorkriegsjahr gebaut worden war und jetzt ein Jahr nach der Währungsreform zu den modernsten Loggern gehörte, hatte sich die Arbeitsorganisation gegenüber der ihrer Vorgänger nicht oder nur unwesentlich geändert.

Beim Aussetzen macht das Schiff Fahrt über den Achtersteven. Auf der Brücke besteht die Kunst des Kapitäns darin, Wind, Strom und das Tempo des Auswerfens der Netze zu erkennen und für eine entsprechende Fahrt zu sorgen. Notfalls auch durch das Stoppen der Maschine in gewissen Zeitabständen. Denn ein Motor kann nicht unterhalb einer bestimmten Drehzahl laufen. Die Kräfte der beiden Matrosen, die „auf dem Schott" stehen und die Netze klar, d. h. das Want frei von den Floten, auswerfen, können auf Dauer nicht mit der Fahrt des Schiffes bei Minimumdrehzahl mithalten.

Wenn von der „Kunst" des Kapitäns gesprochen wird, dann meinen wir Seemannschaft, deren wesentliches Attribut die Sorgfalt ist. Und hier müssen wir zur Person des Kapitäns der „Völklingen" feststellen, daß er in seiner Person geradezu die sorgfältige Seemannschaft verkörperte. Er selbst hätte sich solche Lobhudelei verbeten und uns außerdem dahingehend korrigiert, daß Seemannschaft immer sorgfältig oder sonst gar nicht sei.

Was unterscheidet eigentlich den Beruf des Seemanns so sehr von einem Beruf an Land? Generell eigentlich nichts. Ein Mensch mit gewissen Anlagen und entsprechender Ausbildung kann sowohl ein guter Buchhalter, Techniker als auch ein guter Seemann sein. Bei der Berufsausübung gibt es allerdings einen gewichtigen

Unterschied. Der Berufstätige an Land ist für einen ganz bestimmten Zeitraum an seinem Arbeitsplatz anwesend. Der Seemann, ganz gleich, ob er Wache oder Freitörn hat, kann sich dem Arbeitsplatz Schiff und damit der See nicht entziehen. Auch auf den modernsten Schiffen stellt die See, die Abwesenheit von Land oder auch die Nähe zum Land, immer eine gewisse Art von permanenter Bedrohung dar. Bei kleinen Schiffen, auf denen man stets den Seewassergeschmack spürt, fühlt der Seemann diese Bedrohung noch direkt. Bei großen Schiffen, auf denen er diesem Gefühl nicht mehr ausgesetzt ist, muß er sich immer wieder diese Bedrohung bewußt machen. Bei kollektiver Unterlassung ist die Katastrophe nie fern.

Es sind nicht nur der Kapitän oder der Ingenieur, die auch in der Freizeit jeder Unregelmäßigkeit solange nachgehen, bis sie die Ursache entdeckt, deren Bedeutung erkannt und gegebenenfalls Maßnahmen zur Sicherheit ergriffen haben. Auch jeder andere Seemann wird in seiner Freizeit genauso vorgehen, eben weil es um seine eigene Existenz, die seiner Kameraden oder die des Schiffes geht.

Der Seemann, um Erklärung des Begriffs Seemannschaft gebeten, findet für das ihm ganz Selbstverständliche zuerst keine Worte. Hilfreich ist in solchen Fällen der Blick in ein Lexikon. Da dieser Begriff in seinem Kleinen Brockhaus nicht und im Großen Knauer ebensowenig zu finden ist, liegt die Vermutung nahe, daß es damit eine besondere Bewandtnis hat. Also sucht der Seemann die Volksbücherei auf. Dort findet er in Meyers Großem Konversationslexikon eine Erläuterung: „Bezeichnung für das Wissen und Können, die zur Führung, insbesondere zur praktischen Handhabung eines Schiffes erforderlich sind. Neben der praktischen S. gehören dazu ausreichende Kenntnisse der Navigation und Wetterkunde, der Schiffstechnik, des Funkwesens u. a. sowie des Schifffahrtsrechtes." Soweit der „Meyer".

Der Seemann wundert sich. Nichts weiter? Nichts von dem Ikonenhaften, das jeder echte Seemann diesem Begriff bewußt oder unbewußt zuordnet? Nichts von dem nie endenden Bemühen um Vollkommenheit in dieser Hinsicht? Hat Joseph Conrad vergeblich geschrieben? Nichts von dem, das den Hervorragendsten unter ihnen, den größten Sohn Englands, Captain James Cook, so ausgezeichnet hat?

Es geht unserem Seemann wie Heinrich Böll, der das Wort „Leid“ vergebens in seinem Lexikon suchte. Unversehens gerät der Seemann in Verlegenheit. Er soll etwas beschreiben, dem jeder Seemann sich tief verpflichtet fühlt. Über ein Bestreben nach einer Vollkommenheit, die er für sich selbst mehr gewünscht als erreicht hätte. Würde ihm von seinesgleichen nicht gar Exhibitionismus vorgeworfen werden bei dem Versuch einer möglichst vollständigen Beschreibung?

Um die Darstellung zu neutralisieren, stellen wir uns einfach vor, der „Meyer“ würde folgenden Zusatz gemacht haben: „S. hat über das oben Beschriebene hinaus eine weitergehende Bedeutung mit einem sehr hohen Stellenwert für einen echten Seemann. Er versteht darunter die Bereitschaft, ständig seine S. zu verbessern, und zwar besonders durch Beachten der Lektionen, die die See immer wieder und in wechselnder Form erteilt. Ebenso die Bereitschaft S. bei allen seinen Handlungen nach reiflicher Überlegung anzuwenden und die getroffenen Maßnahmen ständig daraufhin zu überprüfen, ob sie bei eventuell sich ändernden Umständen noch zweckmäßig sind. Jede Situation hat er genau zu überprüfen. Er darf nichts als gegeben hinnehmen.“

Wird dem Seemann von seinesgleichen gute Seemannschaft attestiert, so ist das als höchstes Lob zu bewerten. Frei nach Kant lautet der kategorische Imperativ für den Seemann:

Handle so, daß die Maxime deines Wollens
jederzeit zugleich als Prinzip einer allgemeinen
S e e m a n n s c h a f t
gelten könne.

Wer gute Seemannschaft praktiziert, ist davon auch im Schlaf nicht frei. Er hat sie so verinnerlicht, daß sich ihm Unregelmäßigkeiten, auch geringerer Art, im Schlaf mitteilen.

Liebt jemand die See, der fast sein ganzes Leben auf ihr zugebracht und mit seiner Seemannschaft sich gegen ihre Gefährlichkeiten gewappnet hat? Unser Kapitän hätte seine Gefühle in dieser Hinsicht nie preisgegeben. Aber jeder ernsthafte Seemann macht irgendwann Erfahrungen mit diesem Element, die anfängliche Liebe in Achtung und Respekt verwandeln. So wird es auch bei diesem Kapitän gewesen sein. Zu beobachten waren bei ihm gewisse Anzeichen, als ob er gelegentlich Zwiesprache mit der See hielte.

Versteht sich, daß jener beim Aussetzen Präzisionsarbeit leistete und diese auch von seiner Besatzung erwartete. Die Erwartung war die Konsequenz seines eigenen Handelns. Denn wäre sie nicht erfüllt worden, hätte er den Grund bei sich selbst gesucht. Nämlich bei der Auswahl und Zusammensetzung seiner Besatzung, bei ihrer Unterweisung und seiner Haltung ihr gegenüber.

Der Kapitän war vor der Jahrhundertwende im Kreis Minden geboren und damit sozusagen schon vorsortiert für die Loggerfischerei. Die begann für ihn mit seinem 13. Lebensjahr. In jungen Jahren hatte er außerdem in den Wintermonaten auf Fischdampfern gefahren. Doch sein späteres Berufsleben galt den Loggern. Unterbrochen wurde sein Fischerleben nur durch beide Kriege. Den ersten erlebte er auf einem Schlachtschiff in Wilhelmshaven. Den zweiten verbrachte er auf einem Logger im Kriegseinsatz. Gegenüber seinen anderen Kapitänskollegen unterschied er sich dadurch, daß er im Winter nicht wie diese auf dem Netzboden der Gesellschaft arbeitete, sondern als Leiter der Dockkolonne das jährliche Docken aller Logger im eigenen Dock der Gesellschaft besorgte. Einen Teil seiner eigenen Besatzung konnte er dort unterbringen. Für diese war das recht günstig, war doch in den ersten Nachkriegsjahren kaum eine Möglichkeit, eine andere Arbeit für die Winterzeit zu erhalten.

Seine Sonderstellung beruhte wohl darauf, daß er immer gute Fänge in erstklassiger Verarbeitung erzielte und die Netze – das größte Kapital der Gesellschaft – stets in gutem Zustand zurückbrachte. Dies schien ihm ein besonderes Vertrauen der Geschäftsleitung verschafft zu haben.

Seine Mitmenschen beurteilten ihn sehr unterschiedlich. Es gab Fischerleute, die geradezu haßerfüllt über ihn sprachen. Zum Teil beruhte dies wohl darauf, daß er sie bei der Zusammenstellung seiner Besatzung nicht berücksichtigte. Sein Erfolg beim Fischfang zahlte sich auch für seine Leute aus. Daher konnte er wählerisch sein. Aber auch die Beurteilung seiner eigenen Besatzung über ihn war nicht immer positiv. Seine Anforderungen an sie waren hoch. Kritik und Lob wurden sparsam, aber immer wirkungsvoll erteilt. Er forderte jedoch nie mehr von seinen Leuten, als er selbst imstande war zu leisten. Das bewies er jedesmal bei guten Fängen, indem er wie alle anderen so lange an Deck blieb, bis der ganze Fang unter seiner Mitwirkung verarbeitet und unter Deck war. Dabei ließ er dem Pfusch keine Chance. Man kann wohl sagen, daß er entweder von seinen Leuten abgelehnt oder bewundert wurde. Gleichgültig urteilte niemand über ihn.

Einer seiner Bewunderer mag hier für alle sprechen. Es war der Kok-in-Ruum, Nils, mit achtzehn Jahren der jüngste Matrose. Als reifer Mann sagte er rückblickend über ihn – und es mag eine gewisse Verklärung mitgeschwungen haben: „Als ich nach Kriegsende als fünfzehnjähriger Knirps mit der Seefahrt begann, geriet ich an einen, der mir in meinem ganzen Leben immer Vorbild geblieben ist. Ich mußte nie Abstriche machen, wie es ja oft vorkommt, wenn man mit einem Menschen sehr lange zusammen ist.

Er hat mich mit aller Härte auf meinen Beruf vorbereitet. Das schloß Güte und Zuneigung nicht aus, die jedoch in seiner typischen Sparsamkeit zugeteilt wurden und daher so viel wogen. Meine Beobachtungen an seiner Seemannschaft und Menschlichkeit haben mich zu seinem Bewunderer gemacht.

Später habe ich ihn, als er Pensionär war, gelegentlich besucht. Als ich ihm von einer beruflichen Beförderung berichtete, sagte er mir, er sei immer überzeugt gewesen, daß aus mir einmal etwas werden würde. Hatte ich bis dahin diese Beförderung mehr einem guten Geschick als meinem eigenen Verdienst zugeschrieben, so wurde sie jetzt durch seine Bemerkung geadelt. Ging ich auch sonst nach den Besuchen bei ihm bereichert fort, so löste diese Einschätzung bei mir ein großes Glücks- und Dankbarkeitsgefühl aus. Meinte ich doch, alles ihm, seinem Vorbild und seiner Erziehung zu verdanken. Ich gehe soweit zu behaupten, daß sein Bild mich davon abgehalten hat, wenn ich irgendwann im Leben mich auf eine Schweinerei einlassen zu können glaubte.“

# 2

Für das Verstauen der Netze im Netzraum war der jüngste Matrose zuständig, der Kok-in-Ruum genannt wurde. Mit Kochen hatte er nichts zu tun. Die Herkunft dieser Funktionsbezeichnung verliert sich im Dunkel der Loggergeschichte. Es heißt jedoch, daß früher der jüngste Matrose nebenher zuständig für das Kochen gewesen sein sollte. Daß diese Arbeit dem jüngsten Matrosen zufiel, erklärt sich dadurch, weil damit so viele Nachteile und Unannehmlichkeiten verbunden waren.

Natürlich gab es auch einen richtigen Koch an Bord. In der Regel war dies ein ehemaliger Matrose. Im Gegensatz zum Kok-in-Ruum war der Koch ein gelernter Koch, in der Regel ein älterer Matrose, der sich die entsprechenden Kenntnisse irgendwie angeeignet hatte. Eine besondere Ausbildung dafür gab es nicht. So konnten diese Leute weiter zur See fahren und hatten ein ihrem Alter entsprechendes, ruhigeres Leben. Auf der „Völklingen“ war es auch so. Der Koch hieß Justus und war sehr beliebt, weil er sich bei viel Geschick große Mühe gab und ein netter, umgänglicher Kerl war. Den ihm auferlegten Rahmen zur sparsamen Wirtschaftsführung wußte er voll auszunutzen. Zusätzliche Sparsamkeit zur eigenen Profilierung bei der Reederei entsprach nicht seinem Wesen und seinem Herkommen.

Er hatte ein schweres Schicksal hinter sich. Kurz vor der Machtübernahme der Nationalsozialisten war er noch als Jugendlicher Kommunist geworden. Er mußte erleben, daß seine Partei ihm befahl, die Sozialdemokraten und nicht jene als seine Hauptgegner zu sehen. Dann hatte er die Säuberungen ab 1937 zu verkraften, und damit nicht genug, den Handschlag von Ribbentrop und Molotow. Als Soldat geriet er in russische Gefangenschaft und dann nach Workuta, das er noch gerade lebend, aber als gebrochener Mann verlassen konnte. Es tat ihm gut, sofort nach der Entlassung zu seinen alten Kameraden zu kommen, von denen einige wie er schon vor dem Kriege bei diesem Kapitän gefahren hatten.

Wie alle, die aus dieser Hölle zurückgekehrt waren, mochte er über seine Gefangenschaft nicht reden. Als Nils ihn eines Tages auf diese Zeit ansprach, mußte er erleben, daß die versuchte Schilderung durch einen Weinkrampf vorzeitig beendet wurde. Er war sehr froh darüber, daß der Mann im Laufe der Saison seine ihm eigene Heiterkeit teilweise wiedergewinnen konnte. Die Schatten aber werden wohl für immer auf ihm gelastet haben.

Um die Arbeitsweise des Kok-in-Ruum zu begreifen, muß man sich die Vorgänge des „Holens" auf der „Last" vorstellen. Holen ist der Vorgang des Netzeinholens. Die Last ist der Bereich mittschiffs, über den die Netze von sechs Matrosen und dem Steuermann über eine Rolle von außenbords hereingerissen werden. Dabei laufen die Maschen über an der Reling befindliche Krippen und Fächer (Vorrichtungen zur Aufnahme der gefangenen Heringe) hinweg, in die die Heringe hineinfallen. Sie fallen aber nicht nur durch die Gesetze der Gravitation. Die Männer auf der Last müssen schon kräftig die Netze ausschlagen; mit Kraft und Kunstfertigkeit. Dieses Reißen und Schlagen wird koordiniert durch den Mann, der von den fünf, die das Netz hereinreißen, in der Mitte postiert ist.

Da sieben Mann zur Verfügung stehen, haben zwei immer Freitörn. Dieser Freitörn ist aber immer mit anderer Arbeit verbunden, die jedoch nicht so schwer ist wie das Holen auf der Last. Der Freitörn geht über zehn Netze, danach stellen sich die beiden vom Vorschiff her wieder in die Reihe der Holer, von denen die nächsten zwei zum Achterschiff hin nunmehr in Freitörn gehen. Somit gibt es auch einen neuen Mann in der Mitte. Dieser muß den ganzen Vorgang auf der Last in Einklang bringen. Das geschieht, indem er aussingt: „Hole, hole, hole bei – und hopp!" Das „Hole" gilt für das Hereinzerren des Netzes und das „Hopp" für das Ausschlagen, das bei Bedarf auch mehrfach auf sein Kommando hin geschieht.

Dieser Mann war in früheren Jahren immer in der Mitte postiert und hieß Wantenehmer, weil er das Want in der Mitte nahm. Da er das Tempo durch sein Aussingen vorgab, mußte er auch am stärksten reißen. Zusammen mit dem Aussingen war das außerordentlich anstrengend. Als die Logger größer wurden und mehr Netze mitnahmen, wurde die Anzahl der Besatzungsmitglieder erhöht. Damit war es vorbei mit den festen Positionen am Want. Durch das Ablösesystem kam jedermann nacheinander an verschiedene Positionen und damit auch an die Mittelposition zum Aussingen. Beim

Einholen von 120 Netzen ununterbrochen auf dieser Position durchzuhalten wäre wohl auch dem stärksten Matrosen nicht möglich gewesen.

Bezeichnung und Stellung des Wantenehmers blieben aber erhalten. Er war von jeher bei den Matrosen der Erste unter Gleichen, obwohl das nirgendwo festgeschrieben war. Außerdem erfüllte er bei dem Vorgang des Schlachtens eine spezielle Funktion.

Beim Holen auf der Last gab es kein Verpusten. Wer seinen Teil Want nur mal so mit durchholen wollte, fiel sofort auf. Die Maschen hingen dann bei ihm durch, und die losen Heringe sammelten sich vor seiner Hand. Und da er sie wegen seiner schlappen Hole nicht los wurde, brachte er dann das ganze Team aus dem Tritt. Klar, daß die anderen Holer so etwas nicht duldeten. Wenn ein Team gut war und der Aussinger seine Leute richtig zu nehmen und anzufeuern wußte, dann lief diese Arbeit wie ein Uhrwerk. Aber jeder gab dann auch sein Äußerstes. Das Holen ging dann schnell, aber die Holer waren am Ende auch körperlich total verausgabt. In der Regel dauerte es von nachts ein Uhr bis morgens gegen sechs oder sieben Uhr – je nach Wetterbedingungen und Größe des Fangs. Immerhin waren es jede Nacht 3600 Meter Netze, die hereingeholt werden mußten.

Und der Mann, der sich auf seine Kollegen an Deck einstellen mußte, war Nils, unser Kok-in-Ruum. Achterkante der Last waren unter Deck zwei Netzräume gelegen, in die je sechzig Netze gestaut werden mußten, und zwar so, daß sie beim Aussetzen auch klar wieder herauskamen, d. h. die Floten (Korken an der Oberkante des Netzes) mußten frei vom Want sein. Denn beim Aussetzen durfte es nicht vorkommen, daß Netzmaschen sich an den Korken verhakten. Unter der Spannung im Wasser würde dann das Netz an dieser Stelle zerreißen. Das Stauen der Netze mußte so erfolgen, daß der nicht direkt unter der offenen Luke gelegene Raum zuerst vollgestaut wurde. Der Netzraum war knapp bemessen. Trotzdem durfte es nicht passieren, daß durch schlechten Stau der Lukendeckel nicht ordnungsgemäß geschlossen werden konnte. Der Platz an Deck wurde anschließend zum Verarbeiten des Fangs benötigt. Um das Netzwerk in weitem Bogen in die unzugänglichen Teile des Raums zu werfen, mußte der Kok unten in seinem Raum möglichst lange

Netzparts mit entsprechendem Schwung über die an Deck befindliche Rolle nach unten holen und dann in Richtung Bordwand schleudern. Leider klappte das selten. Holte er zu früh, dann riß er seinen Kameraden oben an Deck die ohnehin malträtierten Finger noch mehr kaputt. Riß er zu spät, fiel ihm das Netzwerk in unförmigem Klumpen auf den Kopf oder vor die Füße. Dann war's vorbei mit Schwung und gutem Stau. Außerdem war gutes Niederholen davon abhängig, ob seine Kollegen das Want gut oder schlecht auf die Last fallen und die Floten klar ließen. Der Mann, der an der Vorkante die Floten holte, mußte diese möglichst separat fallen lassen und für den Kok aussingen, ob er holen oder anhalten sollte. Das hörte sich so an: „Hol ober, Kok, hole!" Oder wenn er nicht holen sollte: „Döhn Kok, döhn!" Letzteres bedeutete, daß kein Netzwerk mehr auf der Last lag und weiteres Holen die Finger der Kameraden beschädigen würde. Geschah das trotzdem, stellten sich die Holer auf das Netz. Ein stiller Kampf und Wut oben und unten, wenn diese Zusammenarbeit nicht funktionierte. In den Monaten ohne „R" mußte der Kok auch noch die Schmerzen ertragen, die die Fäden der roten Quallen im Gesicht, am Hals und an den Handgelenken verursachten. Abwehrmittel dagegen gab es nicht. Zwar wurden seine Kollegen an Deck auch davon heimgesucht, aber nicht so sehr wie er dort unten in seinem Netzraum. Kein Wunder, daß fast jeder Kok-in-Ruum nichts sehnlicher wünschte, als nicht mehr der jüngste Matrose zu sein. Dabei war die Arbeit als Holer alles andere als Zuckerschlecken. Nils lebte nur von der Aussicht, eines Tages selbst auf der Last zu stehen. Bis dahin ging er zu jedem Hol wie in einen Kampf auf Leben und Tod. Sein Ehrgeiz hätte nicht zugelassen, daß er mit seinem Stau aus der Luke herausgekommen wäre.

Er war auch ein „Verfallener". Schon als Kind wollte er Seemann werden. Welche Art von Seefahrt es sein sollte, das wechselte mit den Jahren von großer Fahrt, Kriegsmarine, Walfang oder Fischerei. Als Neunjähriger hatte er im letzten Vorkriegswinter die abgetakelten Logger im Vegesacker Hafen während des Aufliegens gesehen. Ihr düsteres Aussehen hatte etwas Geheimnisvolles, das gleichzeitig anzog und abstieß. Er versuchte sich vorzustellen, ob er sich dort wohl bewähren könne.

Sofort nach dem Krieg setzte er mit viel List und Energie seinen, wie seine Mutter hoffte, vorläufigen Abgang von der ungeliebten Oberschule durch. Seine Klassenkameraden arbeiteten bis zur Wiederaufnahme des Schulbetriebes Ende 1945 als Dolmetscher bei den Amerikanern. Nils musterte als Afhauer auf dem Heringslogger „Völklingen“ an.

Am Anfang seiner Karriere wurde er auf eine harte Probe gestellt.

# 3

Es war das Jahr 1945. Im September fuhren die ersten Logger nach dem Krieg weserabwärts und weiter zur Doggerbank. Nils, damals als Afhauer, stand vor seiner ersten Bewährungsprobe. Auf keinen Fall wollte er seekrank werden. Oder es sollte wenigstens keiner merken, falls er es dennoch werden würde.

Die See erteilte ihm gleich hinter Bremerhaven eine eindrucksvolle Lektion. Das Wetter war wohl auch ungünstig. Es sollten angeblich drei Tage gewesen sein, die sie benötigten, um ihren Fischplatz bei der Doggerbank zu erreichen. Nils selbst konnte über die Dauer der Reise und sonstige Gegebenheiten später keine genaue Auskunft mehr geben.

Die Seekrankheit hatte alles Gefühl für Zeit, Würde und Bewährungseifer in ihm vollständig zerstört. Er kotzte sich nacheinander den Mageninhalt, die Galle und seine Seele aus dem Leib. Und zwar die letzten beiden immer wieder aufs neue. Die Treppe vom Vordeck zum Logis konnte er während dieser Zeit niemals bewältigen. Die wilden Bewegungen des Schiffes und der Geruch von Teer, gefirnißtem Ölzeug und menschlichen Ausdünstungen zwangen ihn jedesmal zum Rückzug an Deck. Seine Hauptaufgabe zu dieser Zeit, nämlich Backschaft machen und Essen von achtern holen, konnte er nicht ausführen. Lieber hätte er sich widerstandslos außenbords werfen lassen.

Die Auswirkungen seiner Seekrankheit mußten wohl derart augenfällig gewesen sein, daß man Mitleid mit ihm bekam. Der Kapitän hatte ihm einen schweren, lammfellgefütterten Wachgängermantel geliehen. In diesen eingehüllt lag er zusammengerollt in der offenen Brückennock an Leeseite. Alle Augenblick mußte er hoch, um seinen würgenden Tribut zu entrichten. Neidvoll sah er die Matrosen gesund und munter auf und von Wache ziehen. Ihre Körper in der typischen wiegenden Hüftbewegung, die Schwankungen des Schiffes ausgleichend. Er selbst meinte, trostlos wie er sich fühlte, einen solchen Zustand wohl nie zu erreichen. Wenn er denn überhaupt die Reise lebend überstehen sollte.

Eine gewisse Besserung trat vorübergehend ein, als die gesamten trockenen Netze aus dem Netzraum an Deck aufgeholt wurden. Da mußte er mit heran, obwohl ein Kleinkind ihn mühelos hätte zu Boden stoßen können. Die Netze wurden gründlich mit Seewasser getränkt und mit runden, durchbohrten Steinen versehen. Damit sollte erreicht werden, daß die Netze beim Aussetzen schnell absinken und sich nicht mit dem Reep vertakeln konnten. Diese Arbeit und auch die des Aussetzens und Holens bewirkten, daß er in die Lage versetzt wurde, etwas Essen zu sich zu nehmen, obwohl er es nicht lange bei sich behielt.

So traf ihn der Meister (Bezeichnung für den Maschinisten) an, der am Abend des ersten Holens Bücklinge auf dem Achterdeck räucherte. Nils hatte mitgekriegt, daß der Meister im Hafen ein altes Ölfaß mit rechteckigem Ausschnitt an Bord hatte schaffen lassen. In den Ausschnitt gehörte eine Art Schubkasten. Im oberen Teil des offenen Fasses waren zwei Stege angebracht, die die Stäbe halten sollten, auf die die zu räuchernden Heringe gesteckt wurden.

Am frühen Morgen des ersten Fischtages hatte Nils gesehen, wie der Meister noch während des Holens zirka hundert lebendige Heringe sorgfältig gekehlt und in eine Salzlake gelegt hatte. Dort gesellten sie sich zu den vom Koch vorbereiteten Bratjes. Diesen allerdings waren neben den Köpfen auch die Schwänze großzügig abgeschnitten worden. Außerdem waren ihnen auf jeder Seite zwei Einschnitte in die Haut verpaßt worden, um ein schönes Kroßbraten zu erreichen.

Der Meister hatte die Bücklingsaspiranten solange in der Lake gelassen, bis die Augen der Heringe eine weiße Färbung annahmen. Dann nahm er sie heraus und steckte sie durch die Augen auf die unterschiedlich langen Räucherstäbe. Anschließend wurden sie bis zum späten Nachmittag an Seeluft und Sonne getrocknet.

Nun war der Augenblick gekommen, an dem er die Stäbe mit den getrockneten Heringen oben in das Faß eingehängt hatte. Unten im Kasten glimmten unter starker Rauchentwicklung einige Buchenscheite. Das Faß war oben mit einem Holzdeckel und außerdem mit einem feuchten Sack abgedeckt. Durch entsprechendes Einschieben oder Herausziehen des Schubkastens und Öffnen und Schließen der Abdeckungen sorgte der Meister für die richtige Temperatur und

Rauchentwicklung. Trotz seiner Seekrankheit sah Nils dem Meister mit einer gewissen Belustigung zu. Dieser wirkte in seiner Ernsthaftigkeit und seinen bedächtigen Bewegungen wie ein Opferpriester – er zelebrierte.

Teilnahmsvoll erkundigte sich der Meister beim Afhauer: „Hest all scheeten?“ Wobei er aus ersichtlichem Grund davon absah, nach dessen Befinden zu fragen. Der Junge verneinte, wie er auch meinte, daß eine Ursache dazu gar nicht vorläge. Der Meister war anderer Ansicht und kündigte dunkel an, daß dieses in Kürze geregelt werden würde.

Nach etwa einer Stunde befand der Meister, daß die Bücklinge nun fertig wären. Der Afhauer hatte die ganze Zeit zuschauend auf dem Achterdeck verbracht. Er traute sich noch nicht, in das ihm bisher so unangenehme Logis hinunterzusteigen.

Der Meister nahm einen Stab aus dem Räucherfaß heraus, streifte einen Bückling ab und legte ihn auf einen hölzernen Faßdeckel. Das goldgelbe Prachtexemplar wurde bäuchlings aufgeschnitten, auseinandergeklappt und der Kopf vorsichtig mit Daumen und Zeigefinger herausgehoben. Mit ihm löste sich das ganze Grätenskelett einschließlich der Schwanzflosse aus dem fettig schimmernden weißen, appetitlichen Fleisch. Der Meister forderte Nils weihevoll auf, den ersten Bückling der Nachkriegszeit noch warm zu verzehren. Der faßte das weiße Fleisch vorsichtig an. Es löste sich vollständig von der Haut, an der der letzte graue Blutstreifen zurückblieb. Nils meinte, noch nie etwas derart Köstliches gegessen zu haben. Ein Produkt höchster Vollendung aus Frische und Räucherkunst! Der Meister war tief befriedigt und ließ den Jungen den ganzen Bückling verzehren. Das gelang diesem auch trotz der noch nicht ausgestandenen Seekrankheit.

Nach und nach war die ganze Besatzung achtern eingetroffen. Alle kosteten und lobten die langentbehrte Speise. Nils befand sich nicht mehr unter ihnen. Er mußte nämlich nach kurzer Zeit die Versammlung fluchtartig verlassen. An dem verschwiegenen Ort, den er jetzt aufgesucht hatte, vollführte sein Körper das, wonach sich der Meister so fürsorglich erkundigt hatte. Nils verließ diesen Ort zwar geschwächt, aber von der Seekrankheit vollständig und für immer geheilt.

Mit diesem Meister sollte Nils insgesamt fünf Heringssaisons erleben, genauso viele wie mit dem Kapitän. Diese beiden wiederum hatten gemeinsam mindestens zehn Jahres jeweils auf dem Schiff zugebracht. Wenn man nachrechnete, waren sie länger beieinander gewesen als mit ihrer eigenen Ehefrau. Diese Verbindung – wenn man sie so bezeichnen konnte – war getragen von gegenseitigem Respekt vor dem Charakter, der beruflichen Qualifikation und der Persönlichkeit des anderen.

Ihre Ansichten vom Leben bezogen beide von unterschiedlichen Aspekten. Gemeinsam war aber beiden, daß sie keiner Aufgeregtheit zugänglich waren. Ihre Kommunikation bedurfte nicht vieler Worte. Das Denken und die Einstellung des einen war geprägt von seinem immerwährenden Ausblick vom Brückenfenster auf die See in allen ihren Erscheinungsformen. Der andere bezog seine Einstellung gewissermaßen aus zwei Standorten im Maschinenraum. Dieser Raum war das Reich des Meisters und befand sich selbstverständlich immer in einem Zustand perfekter Ordnung und Funktionalität. Dieser Mann gehörte zu der Sorte von Maschinenmenschen, die die Befindlichkeit ihrer Aggregate weniger durch Meßinstrumente, sondern eher durch direkte sinnliche Wahrnehmung wahrnahm. So zum Beispiel Temperaturzustände durch Handauflegen, ein gutes Gefühl für Vibrationen, Beschnuppern von Abgasen, visuelle Eindrücke von Schmieröl- und Brennstoffbeschaffenheit. Seine Hinwendung zur Dampferzeugung und Dampfmaschine, hier in Gestalt des Spills, ließ sich nur durch seine Art der Kontemplation annäherungsweise erahnen.

Der eine Standort zu Gedanken über das Leben war der Fahrstand der Hauptmaschine. Hier beim vertrauten Lärm des Fahrbetriebes und mit Blick auf die Perfektion der sich öffnenden und schließenden Ventile beschäftigten sich seine Gedanken mit den aufregenden Seiten des menschlichen Lebens. Wenn am Tag getrieben wurde und Stille im Maschinenraum herrschte, war der Ort seiner Meditation die leere Kiste vor dem glühenden Aschfall des Hilfskessels („Donkey“ genannt). Hier bezog er wohl die wichtigsten Einsichten seines Lebens und hätte – einmal danach gefragt – diesen Ort wohl als seinen Lieblingsplatz bezeichnet. Seine Arbeitskleidung, Hose und Jacke, bestand aus einem besonders widerstandsfähigen Stoff, den die Maschinenmaate der Marine zu tragen pflegten. Da er zu den Leuten zählte, die sich auch bei der dreckigsten Arbeit nicht beschmutzten, konnte man nie feststellen, wann er seine Kleidung gewechselt hatte. Er trat stets sauber gekleidet auf. Dabei umgab ihn, wie Nils meinte, eine gewisse Aura von Gasöl, eines Stoffes, der nur in begrenzter Menge an Bord zur Verfügung stand und die Fischer befähigte, auch bei Flaute dem Hering zu folgen. Das Gasöl war dem Meister heilig. Sein Verbrauch mußte stets wohlbegründet sein. Der Wind, der die Fortbewegung des Schiffes mittels der Segel ermöglichte, wurde von ihm nicht als Konkurrent angesehen. Kapitäne, die auf der Nordsee mittels Motorenkraft umherkutschierten, um ihrer Sucht nach „Praietjes“ zu frönen, wurden ob dieser Verschwendung von ihm abgrundtief verachtet. Es traf sich gut, daß er nicht nur in diesem Punkt mit dem Kapitän einer Meinung war. Schiffsführung mußte nach beider Meinung bei möglichst geringem Material- und Krafteinsatz einen optimalen Ertrag erbringen. Der Bibelspruch über die Fischer, die nicht säen und doch ernten, war von beiden in einsamen Überlegungen hin und her gewendet worden.

Nils lernte den Mann mit den Jahren zu achten. Selbst als gestandener Matrose blieb er bei der Anrede Meister, obwohl jener ihn seit seinen Moses-Tagen mit Vornamen ansprach. Ihre gegenseitige Vertrautheit lebte davon, daß sie einander nicht zu nahe rückten.

Und der Mann las!

Eine Vorstellung davon bekam Nils eines Tages durch den folgenden Vortrag, den ihm der sonst wortkarge Mann eines Tages auf platt hielt. Er soll hier auch so und möglichst wortgetreu wiedergegeben werden. Das Plattdeutsch bei der Fischerei war oft ein Mix aus den verschiedenen Idiomen Deutschlands. Nicht jeder, der mit der Fischerei anfing, sprach von Hause aus Platt. Er lernte es dann an Bord, wie andere auch. Da je nach Herkunft der Besatzung immer eine andere Art Platt gesprochen wurde, kam es zu Vermischungen, die aber nicht dem bekannten Missingsch gleichzusetzen sind.

Es war während Nils’ nächtlicher Fleetwache. Jeder der beiden schaute aus einem geöffneten Brückenfenster hinaus. Die Art dieser Kommunikation hatte eine besondere Eigenart. Jeder spricht gleichsam allein gegen den Wind, der dem Partner den Inhalt wieder zuzuspielen scheint. Der Blick ist auf die See gerichtet. Diese Umgebung trägt dazu bei, daß nicht so schnell gesprochen wird – und die Worte in der Regel besser bedacht sind als sonst. Wenn der Angesprochene nicht reagiert, so scheint das für beide Gesprächspartner bedeutungslos zu sein. Vielleicht hat der Angesprochene nicht zugehört, oder der Wind hat ihm nichts zugetragen. Oder er denkt noch über das soeben Gehörte nach. Es macht nichts aus, ob er reagiert oder nicht. Es ist ja auch jedem von ihnen bewußt, daß der Blick auf die See den Betrachter oft genug der Wirklichkeit entrückt. Eine derartige Unterhaltung beim Segeln vor dem Wind schafft eine noch intimere Atmosphäre, läßt aber ebenso den Zweifel zu, ob der Partner wirklich zuhört.

Der Meister war also auf die Brücke gekommen und hatte sich an das zweite geöffnete Fenster gestellt. Er musterte den Sternenhimmel, die mäßig bewegte See, und dann schwiegen beide eine Weile gemeinsam. Doch irgendwann fing der Meister an zu sprechen. Es war klar, daß diese Gedanken auf dem Platz vor dem Donkey schon vor- und zurückgedacht worden waren: „As wi de anner Week de hunnerttwintig Kantje harrn, dor hebbt se op de Keekplank öber den oolen Perduhns sludert und hebbt seggt, sin Fru weer een Xanthippe. Ober so sünd de Minschen. Se weet van nix un snackt doröber! Wat weet de woll van den oolen Perduhns un sin Fru! Un wat woll Xanthippe weer, dor snackt sogor de Professers dumm Tüch. Ik heff dor mol son'n beeten van leest un heff min eegen Gedanken dor üm mookt. De Xanthippe weer Sokrates sin Fru. Hest von denn all wat heurt?"

Nils hatte – sogar von beiden. Er würde aber wohl gleich erfahren, daß seine Wissensbröckchen vor denen des Meisters nicht bestehen konnten. Ließ ihn daher ohne Antwort, worauf der weiter gegen den lauen Nachtwind redete:

„De weer een Philosoph. All mehr as tweedusendveerhunnert Joar her. De hett keen Beuker schreeben, segg'n se. All sin Weetenschop weer in sin Kopp. Un dat weer nich wenig. He geef dat all in Gesprächen an sine Studenten wieter. Elkeen wull van em lehrt warrn. He verstunn dat god, de groten Schlaubergers un de Politikers mit ehrn eegen Weeswark so richtig oplopen to loten. Doar harr he nich veel Frün'n bi!

Wat op mi soon Indruck mookt hett, dat weer sine Lehr van de Tugend: Elkeen hett sin'n Gott in sik. Muß man blot up lustern. – Un denn dorno leben und hanneln! Mi dücht, dat weer en beter Welt, wenn dat elkeen moken dä. Wat seggst du?"

Nils sagte wieder nichts, und der Meister schien die unausgesprochene Zustimmung anzunehmen und fuhr fort:

„Son'n Keerl hett veel Gegners. Dat is jo klor. Versaut de ganzen jungen Lüe, de denn keen Respekt mehr hebben vör de Obrigkeit! Ut dissen Grund un wiel he jo nich an denn richtigen Gott glöben dä, hebbt se em den Prozeß mokt. He wurd verdunnert, den Giftbeker uttosuupen. De Gelehrten hebbt dor veel van hermookt, wat he allens mit sin Jüngers un Frün'n in sine letzte Nacht snackt hett. – Dat is jo ook god so. Ober nums snackt doröber, wat he denn nu mit sin Fro, de Xanthippe, opstellt hett. He is jo nu van denn Prozeß bi Hus kamen un muß ehr dat künnig mooken. Ik kunn in de Beuker dorvan nix fin'n, un to heff ik min eegen Geschicht doarvan mokt.

Sokrates weer jo ok mol een jungen Kirl west. Un veel to bieten harr he woll ok nich. De richtigen Weisen hebbt jo ok nie recht wat anne Hacken hatt. Nu lehrt he de junge Xanthippe kenn'n, un de beiden hebbt sik fix leef. So frigt se denn. Un all ehr Verwandten und Frün'n woarschaut ehr van wegen de unsekern Utsichten mit so een Kirl. Obers se nimmt dat all op sik. Un de beiden leeft glückliche Joarn tausamen in ehrn bescheidenen Ehestand. Dat gung god bit to de Tied as Xanthippe in ehr Joarn keem. Klimakterium näumt se dat up geel. Wees wat dat is?"

Nils war darüber nur undeutlich informiert. Er hatte während seiner Jahre als Junge und Matrose mittlerweile gelernt, daß die Lehren, die im Logis gelehrt wurden, nicht immer der Weisheit letzter Schluß waren. Unterließ deswegen eine Stellungnahme.

Es entstand eine kleine Pause, da der Meister über Nils' Verhältnis zu den Frauen nachdachte und gewisse Gefährdungen gegeneinander abschätzte, dann aber schließlich fortfuhr: „Ol Sokrates ken'n sik ok up dit Rebet god ut – meen he woll. De beiden harrn sik ümmer noch leef. Wat jo faken ok anners is. Dorüm nöhm he sik vör, op ehr Afsonnerlichheiten in disse Tied intaugahn un ehr gewährn to loten. He gung jeden Striet mit ehr ut'n Weg un let sik so manches segg'n, wat he to anner Tied nich dörgahn loten harr. Se hett sik doar ok an wennt, an em rümtozaustern, wenn sine Kollegen oder Studenten doarbi weern. He dach denn, dat dit eenen goden Dags wedder in de Reeg keem un as freuer warrn dä. Dat kem ober nich so. Se bleef so, un Sokrates much ehr nich dat Muul verbeden. So keem dat denn, dat beide so blangen een anner herflefden. Elkeen harr denn annern noch leef, obers dach, dat de anner dat nich mehr dä. Un beid kämen nich doarto, sik mol uttosnacken. Se wull'n woll nich riskeern, dat dat noch leeger wurd. Ober de annern kreegen blots mit, dat Sokrates nu ünnern Pantüffel kamen weer. Un wat sine Frün'n un Studenten weern, de snackten nich blots veel, de schreeben ok van disse Sluderee. So is disse Tostand bit in uus Tied künnig bleeben.

As Sokrates sin Xanthippe kloarmoken dä, dat sin Tied nu aflopen weer, doar full alles van ehr af, wat upletzt wesen weer. Se kreeg dat Blarrn un wull mit em utneih'n. Obers in't oll Athen weer dat jüst so as bi uns oder noch leeger. De Schubjacken in de Regierungen hebbt överall doarför sorgt, dat se ehr Kritikers jümmers good unner Wind harrn. Hess jo sehn mit Rommel. De kunn ok nich eenfach verswinn'n, as se em befehln dän, sik doot to scheeten. Blots ik meen, Sokrates hett een beeten betere Figur mokt. De hett sik nich mit denn Dübel an'n Disch sett as Rommel dat doon het, de meen, he kunn de Nazis uttricksen.

As Sokrates dat uptletzt kloarmokt hett, dat an de Saak nix to ännern weer, doar full mit eens all dat weg, wat twüschen jem und jemeehr Leefde stohn harr. Un de Stün'n van jemeehrn grötsten Kummer weern ok de van ehr grötstes Glück. Un ik gläuw stief un fast, dat Sokrates so sinnig un fast sin letste Stün'n tobringen dä, dat leeg an dat grote Glück, dat he upletzt mit sin Xanthippe beleben dä.

Ober ik heff jo seggt, de Lüd weet goarnix un snackt doarvan as unklook."

# 4

Beim Aussetzen werden die Netze über eine Aufholerrolle aus dem Netzraum an Deck geholt. Diese Rolle wird mittels des Dampfspills über einen Treibriemen angetrieben. Die beiden an der Rolle postierten Matrosen müssen immer soviel Netzwerk aufgeholt haben, wie die beiden Matrosen, die auf dem Schott (d. h. in der Steuerbord-Krippe) stehen, außenbords werfen können. Sehr wichtig war, daß dabei die Floten klar von den Maschen getrennt ins Wasser kamen. Daß das auch so geschah, lag im wesentlichen daran, daß Nils, der Kok-in-Ruum, nachts seine Netze gut gestaut hatte. War der Stau gut, hatte er es beim Aussetzen leicht.

An der Netzluke überwachte er das Aufholen der Netze und hoffte, daß diese klar über die Aufholrolle an Deck kamen. War das mal nicht der Fall, mußte er schnell handeln und gegebenenfalls im Raum für eine Klarierung sorgen. Kein ungefährliches Geschäft, denn der Logger befand sich ja auf Rückwärtsfahrt und war nicht ohne weiteres zu stoppen.

Während des Aussetzens sind neben dem Reepschieter, der in seinem Reepraum hockt, noch einige andere Akteure auf dem Vorschiff tätig. Ganz vorne im Steven, an der Talje des Vorderruders, der Matrose Hermann, der von hier aus bei der Rückwärtsfahrt das Schiff steuert.

Am auslaufenden Reep reicht einer der beiden Oudsten (ranghöhere Leichtmatrosen) dem Steuermann die Zeisinge zu, die von der Last her um die Wanten des Großmastes herumgegeben werden. Bei jeder Markierung für halbe und ganze Netzlängen machen die beiden diese Zeisinge mittels eines Webeleinsteeks, den beide gemeinsam anziehen, fest (seemännisch ausgedrückt „anstecken").

Der Steuermann stammte aus dem Kreis Minden, dem Stammland der Loggerbesatzungen. Bei der Mehrzahl der Logger bestand deren ganze Besatzung aus „Bückeburgern". Doch hier auf der „Völklingen" traf unser Steuermann auf eine andere und für ihn schwierige Situation: Der Kapitän hatte in den Nachkriegsjahren eine Mannschaft von hoher Effektivität zusammengestellt. Die Zugehörigkeit zu einer Landsmannschaft spielte da keine Rolle.

Was zählte, war Leistung. Da blieb auch das Selbstbewußtsein der Besatzung nicht aus.

Es war auf den Loggern üblich, die Junggrade rauh anzufassen. Das führte fast überall zu Schikanen. Hier an Bord herrschte das Prinzip, auf die Leistungsbereitschaft der Jungen zu setzen. Die Versuche des Steuermanns, die Jungen durch Einschüchterung, Schikane oder gar durch körperliche Gewalt zu disziplinieren, scheiterten an dem entschlossenen Auftreten einiger Matrosen. Er war klug genug, deren diskrete Signale zu erkennen und sich ohne Gesichtsverlust der herrschenden Pädagogik anzupassen. Und er mußte erkennen, daß der Erfolg überzeugend war. So konnte er über seine an sich wünschenswerte gute Besatzung nicht ganz froh werden, söhnte sich aber langsam mit diesem Zustand aus. Vor allem auch deswegen, weil ihm Respekt entgegengebracht wurde. Dieser war jedoch nicht von der unterwürfigen Art, sondern der von selbstbewußten Seeleuten. Er konnte nicht ahnen, daß ihm diese Art der Anpassung zu einer positiven Beurteilung verhelfen sollte.

Ihm zur Seite stand Hein, der Wantenehmer. Ihm reichte der Jüngste (rangniederer Leichtmatrose) Robert, genannt „Blücher", die Blasen zu. Blasen (früher auch Holzbojen, Brails genannt) sind eine Art Boje, die die Fleet an der Meeresoberfläche halten und deren Lage auch markieren. Zur Kennzeichnung der Fleet dienen auch Bojen, versehen mit einer Stange und Signalflaggen, genannt „Jonas". Sie wurden anstelle einer Blase angesteckt, und zwar am äußeren Ende der Fleet und dann beim 30., 60. und 90. Netz. An den Blasen befestigt ist das Brailtau (ca. 6 Meter lang), mit dem die Blase am Reep angesteckt wird.

Hein war ein Mann von Ende Dreißig, groß und von athletischer Statur. Sein offener Blick war durch ein leichtes Schielen beeinträchtigt. Aber sein Blick hatte eine Ausstrahlungskraft, deren sich niemand leicht entziehen konnte. Schielen wird ja oft als bösartig diffamiert. Bei Hein kam dieser Eindruck gar nicht erst auf. Es war noch etwas in seinem Blick – eine unbedingte Aufrichtigkeit oder auch Treuherzigkeit, die offenbar durch das Schielen erst richtig zutage trat, was aber niemals komisch wirkte.

Seit seiner frühen schweren Jugend am Kurischen Haff war er

Auch eine Reise von tausend
Meilen fängt mit dem ersten Schritt an.

Sprichwort aus China

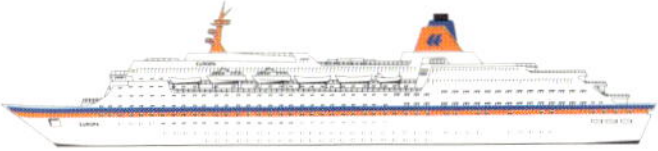

Fischermann. Einer von der harten Sorte, mit einem sorgsam versteckten weichen Herzen. Alles, was Fischerei und Seemannschaft betraf, beherrschte er selbstverständlich und souverän. Als es ihn nach dem Dienst in der Kriegsmarine bei Kriegsende zur Heringsfischerei verschlug, hatte er keine Mühe, sich die zusätzlichen Kenntnisse und Fähigkeiten dieses Geschäfts in kürzester Zeit anzueignen. Der Kapitän beglückwünschte sich, daß er einen solchen Mann sozusagen serviert bekommen hatte.

Als Wantenehmer hätte er eigentlich beim Aussetzen das Vorderruder übernehmen müssen. Dies war jedoch auf der „Völklingen" schon vor dem Krieg Hermann, einem älteren Matrosen, überlassen worden. Und so nahm Hein seine Position ein, indem er nun für das Anstecken der Blasen zuständig war.

Seine wesentliche Position als Wantenehmer nahm er jedoch beim Schlachten der Heringe wahr. Dieses ist eigentlich ein „Kehlen" der frischen Heringe. Im Loggervokabular, das vornehmlich aus dem Holländischen und zu einem geringen Teil aus dem Englischen stammt, „Keeken" genannt. Jeder Schlachter benutzt ein Keekmesser", das am Holzgriff eine Schlaufe besitzt. Durch die steckt er den kleinen Finger und den Ringfinger der rechten Hand so, daß die Spitze des Messers zu der des ausgestreckten Zeigefingers reicht. Das Keeken findet im Sitzen statt. Der rechte Arm ruht auf dem rechten Knie. Nun wird mit der linken Hand der Hering dem Messer zugeführt, an den Kiemen eingestochen und mit einem genau bemessenen Ruck der linken Hand Kiemen, Brustflossen und Eingeweide (die sogenannte Gälle) entfernt. Gleichzeitig fliegt der Hering in einen bereitstehenden Abholekorb. Schnitt und Ruck müssen genau ausgeführt werden. Rogen oder Milch sollen möglichst unversehrt im Hering bleiben. Das Keeken bewirkt das völlige Ausbluten des Herings und gibt ihm eine besondere Qualität, nämlich weißes Fleisch.

Auf Qualitätsarbeit wurde beim Keeken streng geachtet. So konnte es geschehen, daß der Steuermann einem fahrlässigen Schlachter einen Hering rechts und links um die Ohren haute. Meistens ging es darum, daß die bluthaltigen Kiemen nicht entfernt worden waren. Diese Produkte nannte man Slipper, weil das Messer nur durch den Hering geslippt war, statt die Gälle zu entfernen.

Folge dieser Nachlässigkeit waren ein bitterer Geschmack und eine schlechte Färbung des Salzherings.

Diese Art der Abstrafung machte auch vor Matrosen nicht halt. Bei den Jungen hingegen versuchte man es anfangs noch mit weniger herzhaften Belehrungen. Auflehnung gab es dagegen nicht, denn eine Fangbeteiligung gab es nur für einwandfreie Qualität. Daran mußte jeder interessiert sein. So war auch die Schnelligkeit beim Schlachten kein Selbstzweck. Je schneller die Heringe von Deck kamen, desto besser bluteten sie aus. Voraussetzung für Wohlgeschmack und Bekömmlichkeit. Dieses Verfahren, für das damals das höchste Qualitätsmerkmal „seegekehlt“ reklamiert wurde, gibt es heute fast nicht mehr.

Auf den neueren Loggern wurde auf dem Deck zwischen Großmast und den Krippen geschlachtet. Die Schlachter, im Normalfall acht Mann (4 Matrosen, 1 Oudste, 1 Jüngster, die beiden Jungen: Afhauer und Reepschieter), saßen auf der „Keekplanke“. Diese Planke wurde von den Junggraden nach dem Holen quer über das Vorschiff an beiden Seiten der Reling eingehängt. Von der Keekplanke gab es im rechten Winkel je eine Planke bis zu den beiden Krippen, Backbord und Steuerbord, auf der noch jeweils zwei Mann sitzen konnten. So bildeten die Schlachter ein offenes Karree mit dem Blick zu Brücke. Bei großen Fängen konnte die Anzahl der Schlachter um bis zu vier Mann erhöht werden. Dann nämlich, wenn Kapitän, Meister, Assistent und der Koch mitmachten. Sie alle waren an der Fangprämie beteiligt.

Achterkante der Last, auf den nun verschlossenen Netzluken, war die Warback eingehängt. Von hier bis zu den weiter vorn sitzenden Schlachtern regierte der Wantenehmer Hein wie ein absoluter Fürst. Sozusagen südlich des Warback-Äquators regierte der Steuermann. Es war aber mehr ein Reagieren auf das Tempo der Schlachtenden. Ihm zugeordnet waren die beiden Spillöper.

Die Warback ist eine Art großer Backtrog, der an der Achterkante offen ist. In diese Back werden korbweise die gekehlten Heringe gekippt. Der Steuermann wirft mit einer Soltback (Salzteller) eine genau abgemessene Menge Salz darüber und vermengt dieses mit einem „Warlöpel“ (eine Art überdimensionierter Rührlöffel), bis das Hering-Salz-Gemisch homogen ist, und schiebt dieses in einen großen Soltkorf (Korb mit drei Handgriffen, starkes Weidengeflecht, Gewicht der Füllung ca. 50 kg). Dieses Salzen, Rühren und Schieben sieht recht leicht und elegant aus. In Wahrheit ist es jedoch ein hartes Stück Arbeit und das noch im Akkord gegen die Schlachter. Zusätzlich mußte der Mann sich auch noch die Salzfässer heranholen, bereitstellen, Deckel lösen, herausheben und den Kimmhupen (oberer Faßreifen) wieder aufsetzen und antreiben (mit Hammer und Treibholz die Dauben wieder auf Spannung bringen). Die Salzfässer wogen so um die drei Zentner.

Zwischen Warback und Brückenhaus waren so viele offene, leere Fässer bereitgestellt, daß der gesamte Tagesfang darin verpackt werden konnte. Dafür waren die Spillöper zuständig. Ihren Namen haben sie vom Gangspill, das sie in frühen Segellogger-Zeiten mit ihrer eigenen Muskelkraft angetrieben hatten.

Solches Verfahren konnte wohl nur funktionieren, weil diese Schiffe sehr viel kleiner waren als heute und daher mit weniger Kraftaufwand an der Fleet entlanggeholt werden konnten.

Diese frühere Arbeitseinteilung sah vor, daß die Spillöper als älteste Matrosen die Heringe in den Fässern verpackten. Dabei ist es dann geblieben, obwohl inzwischen der Dampf das Spill bewegte und die Spillöper sich während des Holens mit den anderen Matrosen am Want auf der Last einreihten. Damit war der Freitörn geboren, und der gute Dampf, den ein Seemann gar nicht genug loben kann, war sozusagen sein Vater.

Die beiden Spillöper auf der „Völklingen“ waren ein ungleiches Paar. Paul stammte aus der Umgebung Vegesacks und hatte seine Fahrtzeit als Junge und Leichtmatrose vor dem Krieg auf Loggern verbracht. Im Krieg war er zur Kriegsmarine eingezogen worden und erlebte seine Glanzzeit in Frankreich als Mitglied der Hafenkommandantur in einem Hafen am Kanal. Seine immer sich wiederholenden Erzählungen ließen vermuten, daß er täglich im gut besuchten Wehrmachtsbordell jedem Besucher eine Salvarsanspritze verpaßte.

Da er nicht sehr geschickt war, litt er besonders unter kaputten Fingern. Wenn er diese wieder einmal verletzte, fluchte er auf französisch. Sein Vorrat an Flüchen war begrenzt, und daher wiederholten diese sich oft. Im Grunde war er gutmütiger Kerl und konnte leicht von seinen Leiden abgelenkt werden.

Unter Pauls begrenztem Fluch-Arsenal, deren deutsche Übersetzung hier nicht wiedergegeben werden soll, fiel Nils einer auf, der phonetisch etwa „Bordell ditjöh“ lautete. Er konnte sich darauf keinen richtigen Vers machen. Laut seiner spärlichen Französischkenntnisse mußte die Bedeutung wohl „Bordell Gottes“ sein. Pauls Französisch stammte nach dessen eigener Aussage von den Huren. Nach Nils' Ansicht waren alle französischen Huren streng katholisch. Dieses Wissen stammte aus unzähligen Beschreibungen aus dem Mannschaftslogis, wo solche Themen immer und immer wieder ausgewalzt wurden. Er konnte sich nicht erklären, daß Paul auch diesen Fluch von den Damen gelernt hätte, vermied es aber, Paul darüber zu befragen. Und er machte sich weiter vergebliche Gedanken um diesen Punkt.

Die Gedanken um diese bedauernswerten Geschöpfe beschäftigten ihn auch in anderer Hinsicht. Er hatte nach Kriegsende in Wochenschauen gesehen, wie diese armen Mädchen unter der Beschuldigung der Kollaboration kahlgeschoren durch die Straßen getrieben wurden. Die ehrsamen Bürger, die alle zu dem 95prozentigen Anteil der Bevölkerung gehörten, die in der Résistance ihre patriotische Pflicht erfüllt hatten, standen schimpfend und spuckend am Straßenrand.

Er konnte sich vorstellen – und das war ein Produkt seines autodidaktisch geprägten Religionsmißverständnisses –, daß Willy Ahrens jenen Mädchen öffentlich die Füße gewaschen haben würde.

Willy Ahrens war ein stiller Sozialdemokrat, der im Tausendjährigen Reich nicht dauernd in Schutzhaft gewesen war. Nach dem Krieg wurde er Bürgermeister von Vegesack. Das Beispiel dieses Mannes, mit dem er im Krieg mehrfach im Luftschutzkeller gesessen hatte, trug zur Vergiftung seiner jugendlichen Seele bei. Jener Volksschädling verließ übrigens während des größten Angriffs- und Abwehrlärms oft den Keller, um sein altes Pferd zu beruhigen, mit dem er tagsüber Brot ausfuhr.

Pauls Pendant war August. Ein typischer „Bückeburger“, wie die Leute aus dem traditionellen Rekrutierungsgebiet der Loggerbesatzungen genannt wurden. Er war von hagerer Statur und ein zuverlässiger Arbeiter.

Seine Arbeits- und Lebensweise war stark pedantisch geprägt. Man war versucht, ihn als Erbsenzähler zu klassifizieren, wenn nicht alles, was er so umsichtig tat und anpackte, sich als so effektiv herausstellte. Seine Vollkommenheit und eine gelegentlich zur Schau gestellte Überheblichkeit wirkten aufreizend, ohne jedoch verletzend zu sein. Seine Arbeitsausrüstung hielt er stets peinlich geordnet und selbstverständlich gepflegt bereit. Ganz im Gegensatz zu dem jungen Kok, der in dieser Hinsicht der Planlosigkeit geziehen werden mußte und darunter häufig zu leiden hatte. Oft genug mußte dieser mit feuchten Seestiefeln, ohne „Fristbinden" (Schutzbinden für Handgelenke) oder mit ungelockten Fingerringen an Deck. August konnte das nicht passieren und vermied dadurch mancherlei Unbill, insbesondere Verletzungen. Sogar seine Bewegungen bei der Arbeit schienen sorgsam geplant zu sein.

Überwachte er während seines Friedens das Hieven des Reeps im Vorschiff und kam es dabei zu dem berüchtigten „Want üm'n Reep", so war der Steuermann gut beraten, August dieses Klarieren zu überlassen, das eigentlich seine Aufgabe war. „Want üm'n Reep" bedeutet, daß sich Maschen des Netzes am Reep verhakt haben. Weil sich der Reep während des Aussetzens und Holens dreht („törnt"), kann sich ein Teil des Netzes dort aufwickeln. Es gibt verschiedene Mittel, dieses zu klarieren: Drehen mit dem Drehknüppel, Lose geben des Netzes von der Last her oder Durchholen und auch kurze Maschinenmanöver. Alle diese Mittel müssen jedoch sehr vorsichtig und nach sorgfältiger Prüfung angewendet werden. Ein Fehler bei ihrer Anwendung kann ganz erhebliche Schäden an den Netzen verursachen, da diese beim Anhieven des Reeps erheblich unter Spannung geraten.

August mit seinem analytischen Blick und seinen darauffolgenden wohlbedachten Maßnahmen war der ideale Mann für die Vermeidung derartiger Schäden. „Want üm'n Reep" ist ein derartig gefürchteter Zustand, daß ein Loggerfischer diesen Begriff auf Umstände in seinem Privatleben anwendet. So zum Beispiel bei schuldhaftem Verkehrsunfall, bei Ehekrach oder unvermuteter Alimentenklage bezeichnet er diesen Tatbestand als „Want üm'n Reep".

Nils konnte nicht verstehen, daß ein Mann wie August mit derartigen seemännischen Fähigkeiten es ablehnte, Steuermann und später Kapitän zu werden. Frau und Tochter an Land wirkten wohl als ein sehr starker Magnet. Sein Traum war, einst nicht mehr fahren zu müssen und statt dessen als Kleinbauer seinen Lebensunterhalt zu verdienen.

Während August sich wegen dieses Ziels jeden Luxus versagte, war Paul ein Genußmensch. Seine Vorstellung von Luxus war gutes Essen, Trinken und weiche Federbetten – in dieser Reihenfolge.

Da stehen sie nun, die beiden Spillöper mit dem geschichtsträchtigen Namen, hinter der Warback, um den schweren Salzkorb zu den vorbereiteten leeren Fässern zu wuchten. Einer an Backbord, der andere an Steuerbord.

Der Inhalt eines solchen Korbes wird auf mehrere Fässer verteilt. Danach verschwindet ihr Oberkörper in diesen Fässern. Mit flinken Fingern sorgen sie dafür, daß die Heringe glatt neben- und aufeinanderliegen. Denn wer kauft schon gerne einen zerdrückten Hering?

Das fragen sich auch die Herren Kaufleute der Fischereigesellschaft und erklären die zerdrückten Heringe als nicht gefangen. Also auch keine Fangprämie auf diesen krummen Hund. Immerhin betrug seinerzeit die Prämie pro aufgepacktes Kantje zweiundzwanzigeinhalb Pfennig für einen Matrosen! Wohlgemerkt, pro aufgepacktes Kantje. Die vom Schiff angelandeten Fässer wurden nämlich in der Packhalle ausgekippt, die Heringe sortiert, und in für den Versand vorgesehenen Fässern neu gepackt. Dabei wurden die nicht verkäuflichen Heringe aussortiert. Somit blieben von z. B. 1060 angelandeten Kantjes eventuell nur 800 „aufgepackte“ Kantje übrig. Das wurde in Packjournalen protokolliert. Die Loggerjantjes konnten nur hoffen, daß es dabei ordentlich zuging.

Die Spillöper packten die Fässer so, daß die oberen drei Lagen über den Rand hinausragten. Um dieses Volumen sackten die Heringe bis zum Nachmittag, wenn die Fässer dichtgemacht wurden.

Sie mußten ihre Arbeit gut organisieren, denn es durfte keine Verzögerung beim Schlachten entstehen, falls sie mit dem Packen nicht nachkamen. Wenn anfangs die Schlachter flottes Tempo vorlegten, bestand diese Gefahr. Der Oudste, der die Abholkörbe mit

den geschlachteten Heringen zur Warback schleppen mußte, sang dann schon mal eine Warnung aus: „Een in de Back, een op de Back!“ Das heißt, er stand mit einem gefüllten Korb an der Warback, den er nicht einschütten konnte, weil am anderen Ende der gefüllten Back noch ein gefüllter Salzkorb stand. Dieser Ruf trieb die Spillöper an und ließ sie auch schon mal zurückgiften: „Hol dat Muul!“ Denn immerhin trieb hier ein Leichtmatrose einen älteren Matrosen an. Dringender wurde die Situation, wenn der Oudste aussang: „Een in de Back, een op de Back, een achter de Back!“ Dann konnte es sein, daß der Wantenehmer sich einmischte, weil dadurch seine Bewegungsfreiheit auf der Last eingeschränkt wurde. Denn wo jetzt die überzähligen, vollen Abholkörbe standen, mußte er mit seinem Scheppnetz umherlaufen. Und bei dem geschilderten hohen Tempo hatte das sehr schnell zu geschehen.

Denn auch er wurde durch die fixen Schlachter unter Druck gesetzt. Sie hatten leichte, durchlässige Körbe (Mantjes) vor sich, die der Wantenehmer mittels des Scheppnetzes mit frischen Heringen füllte. Ein Scheppnetz war ein sackartiges Netz, das an einem viereckigen Metallrahmen befestigt war. Bewegt wurde dieses Netz mit einem 2,50 m langen Stiel. Der Wantenehmer strickte sich die Netzbeutel selbst, um in jeder Situation das optimale Gerät einsetzen zu können. Aus der Krippe oder Luke holte er sich eine Füllung Heringe heraus. Mit genauem Schwung und einer 180-Grad-Drehung flog dann das Netz in das Mantje des Empfängers. Dieser hatte sich schnell zurückgelegt, weil der Wantenehmer dabei seinen Namen rief. Übrigens die einzige Gelegenheit, sich beim Schlachten einmal gradezumachen. Zwischendurch sich diese Wohltat zu gönnen war verpönt (laut Duden „verpönen: bei Strafe verbieten“). Am unteren, äußeren Ende des Scheppnetzbeutels war ein Korken angebracht, den der Schlachter hochzog, und der Wantenehmer zog sein leeres Netz zurück.

So bediente er alle Schlachter der Reihe nach. Sollte jemand das Tempo nicht mitgehalten haben, wurde er ausgelassen und entsprechend ausgesungen. Hoch peinlich für einen Matrosen oder Leichtmatrosen. Bei den Jungen wurde noch Rücksicht genommen. Aufpassen mußte der Wantenehmer auf die extrem fixen Schlachter. Gelang es ihnen, vom Wantenehmer unbemerkt, ihr Mantje ganz leer zu schlachten, drehten sie das Mantje um, schlugen dabei die Gälle heraus und riefen: „Hering!“ Schmach für den Wantenehmer. Der mußte später dafür einen ausgeben. Um dieses zu vermeiden, kriegten die schnellen Schlachter gelegentlich einen Extraschlag, der auch so ausgesungen wurde. Wie man leicht erkennen kann, bot sich für den Wantenehmer reichlich Gelegenheit für Lob und Tadel. Da genügte oft schon der Tonfall des Wantenehmers beim Aufrufen des Namens, und man konnte erkennen, ob er mit der Leistung des Angesprochenen zufrieden war oder auch nicht. Alles diente dazu, daß das Schlachten möglichst schnell über die Bühne ging. Es galt erst einmal, schnell fertig zu werden, um noch etwas Schlaf zu ergattern. Zweitens förderte schnelle Verarbeitung die Qualität des Herings. Und drittens war nur eine gute Mannschaft in der Lage, einen extrem großen Fang auch ganz und gar zu verarbeiten, ohne daß Einbußen in der Qualität hingenommen werden mußten. Und damit auch zu gewährleisten, daß am selben Tage noch wieder ausgesetzt werden konnte. War der Hering da, mußte er auch gefischt werden.

Wenn bei guten Fängen alle Leute an Deck waren, heizten die nun auf zwölf Mann verstärkten Schlachter dem Wantenehmer tüchtig ein. Besonders zu Beginn war das der Fall, denn erstens hatten sie anfangs noch ordentlich Schwung, und zweitens waren die frischen Heringe noch gut und griffig. Später kamen die schon etwas mitgenommenen Heringe dran. Das Tempo wurde langsamer und damit auch für den Wantenehmer und abholenden Oudsten erträglicher. Ebenso für den Steuermann. Die Spillöper konnten nun nacharbeiten. Während des schnellen Tempos hatten sie immer mehr leere Fässer angefangen und hatten die Kopflagen (den „Spiegel“) nicht aufpacken können. Beim Spiegelpacken wurden die Heringe fein säuberlich mit den Rücken nach unten, Köpfen zum Rand, Steerte zur Mitte und dazu noch versetzt gepackt. Das sah nicht nur gut aus, sondern vermied auch Druckstellen und ermöglichte es, eine größere Anzahl von Heringen in ein Faß zu packen. Im Faß bildete sich jetzt der berühmte Pökel. Griff schon die sonstige Arbeit die Hände aller Besatzungsmitglieder sehr stark an, so taten Salz und Pökel ein übriges, um sie gänzlich zu ruinieren. Im Verlauf der Reise bildete sich starke Hornhaut an den inneren

Handflächen, und in den Fingerkehlen entstanden dic gefürchteten „Seekutten“, d. h. die Haut riß ein, manchmal bis auf den Knochen. Um ein dauerndes Zuwachsen und Wiederaufreißen der Haut zu vermeiden, entschloß man sich häufig, einen Wollfaden in diese Wunde zu binden. Die angenehmste Behandlung bestand – wenn es die Zeit zuließ – im Baden mit Seifenwasser. Auf diesem Schiff richtete der Kapitän, wenn es notwendig wurde, auf dem Achterdeck die Balje mit heißem Wasser und grüner Seife an. Eine Wohltat war auch das Waschen mit eigenem Urin.

Man hätte meinen können, daß der Wantenehmer Hein, der sein Leben lang Fischer war, davon verschont geblieben wäre, weil er daran gewöhnt war. Dem war nicht so. Er hatte keine Pranken, wie man seiner Körpergröße wegen wohl vermuten konnte. Finger und Handflächen waren fast eine einzige Hornhaut, was seinem festen Händedruck eine zusätzliche Wirkung gab. Sogar unterhalb des Nagelbettes hatte sich Hornhaut gebildet. Wohl eine Folge des lebenslangen Hantierens mit Netzgarn und feuchten Maschen. Hein hatte auf See ständig mehrere Seekutten mit Wollfäden versehen. Er klagte darüber aber nicht. Man konnte nicht sagen, daß er schöne Hände gehabt hätte. Und doch – sah man ihm zu bei Arbeiten an Tauwerk, Netzen und Garnen, entfaltete sich eine Schönheit, die zu erfassen wohl nur See- und Fischerleuten, und von denen wohl auch nur Auserwählten, vergönnt war.

Aus dem dunkelsten Winkel des 12-Mann-Logis, in welchem Afhauer und Reepschieter ihre Kojen hatten, pflegte letzterer Hein wie verzaubert zuzuschauen. Es kam ihm vor, als arbeiteten diese Hände nicht. Sie vollführten mystische Bewegungen, denen sich das zu bearbeitende Material anzupassen schien, selbst wenn es noch so störrischer Natur war. Buchten oder halbe Schläge schienen sich von selbst in die gewünschte Position legen zu wollen, der große Zauberer schien ihnen nur noch zu assistieren. Es war aber nicht nur Zauberei, sondern perfekte, selbst erworbene seemännische Handfertigkeit und das Wissen um die Eigenschaften des Materials, die sich hier entfalteten.

Und noch etwas ganz anderes schienen diese Hände wundersam entfalten zu können. Mit plumpem Deutsch wäre das wohl nur schlecht zu beschreiben gewesen. Nils, durch seine zufälligen Literaturausflüge besonders in romanische Sprachen verliebt, hatte dazu das Wort „Carezza“ gewählt. Diese Kunst schienen Heins Hände offenbar besonders zu beherrschen. Aber was heißt hier beherrschen – seine Seemannshände mußten offenbar bei dieser Handlung ähnliche Zauberkraft entwickeln wie bei der, die den Reepie so verzückte. Nicht, daß wir dies von Hein selbst erfahren hätten. Er war in dieser Hinsicht der größte Schweiger. Er konnte bei den Erzählungen über die amourösen Abenteuer der Kameraden gut zuhören und herzhaft lachen, wenn es denn angebracht war. Aber er selbst – niemals!

# 5

Wer ein wenig von Heins Abenteuern dieser Gattung wußte, das war Nils, der Kok-in-Ruum. Die beiden so verschiedenen Männer waren miteinander befreundet. Die Gegensätze zwischen ihnen konnten kaum größer sein.

Hier Hein, der große, starke und bedächtige Fischermann und Könner auf vielen Gebieten. Und wie wir nun erfahren sollen, auch ein taktvoller Liebhaber des schönen Geschlechts. Dort der junge, eher schmächtige Matrose mit einem klassischen „Baby-face“, das jeden veranlaßte, ihn auf höchstens fünfzehn Jahre zu schätzen. Voller Eifer und immer vorwärtsdrängend, lange noch kein fertiger Seemann, aber immer danach strebend. Einen Hang zur Sorgfalt konnte man kaum bei ihm erkennen. Ein Manko, dessen er sich wohl bewußt und dem abzuhelfen er sich bemühte.

Der Jüngere hatte noch keinerlei Erfahrung mit der Liebe gemacht. Natürlich hatte er sich, nicht zuletzt aufgrund seiner romantischen Veranlagung, ab dem sechsten Lebensjahr seine jeweiligen Dulcineas gesucht und war ihnen gedanklich und auch in der Tat hinterhergeschlichen. Es hatte durchaus später Augenblicke gegeben, in denen er spürte, daß junge Mädchen aus seiner Umgebung bereit waren, sich ihm hinzugeben. Das zu spüren hatte er ein feines Empfinden. Diese Sensibilität verhinderte aber auch, daß er zum Eroberer wurde. Liebe mußte geschehen und nicht gemacht werden, glaubte er.

Als er anfing, zur See zu fahren, hatte er sich den Mädchen seiner bisherigen Umgebung nach und nach entfremdet, einfach deswegen, weil er sie gar nicht mehr zu Gesicht bekam. Seine Veranlagung verhinderte, daß er Erfahrungen mit der käuflichen Liebe machte. Bei seinen Landgängen mit Kameraden traf er in der Regel auf Frauen, die einige Jahre älter als er waren und sofort begannen, mütterliche Gefühle für ihn zu entwickeln. Seinen Kollegen pflegten sie dann vorzuwerfen, daß sie den herzigen Jungen nur verderben würden. Er konnte das mit einem schiefen Lächeln ertragen. Was wußten die Damen schon von der Fischerei, und welche Versuchungen sollte es denn dort wohl geben? Hatte doch nicht einmal der Alkohol an Bord eine Chance. Fischermann auf See und Alkohol – das kam einfach nicht vor. Erstens war es zu gefährlich, und zweitens wurden durch Alkoholgenuß geschwächte Kollegen rigoros auf Linie gebracht. Und zwar vor dem Mast. Dazu bedurfte es nicht des Kapitäns. Aus- und Heimreise – das war schon mal ein anderes Kapitel.

Vor den Landgang am Ende der Reise hatte die Gesellschaft für die Fischerleute jedoch noch einmal den Schweiß gesetzt. Jede Loggerbesatzung hatte Anspruch auf eine Liegezeit von 72 Stunden. In dieser Zeit mußte die Ladung gelöscht, die Netze gewechselt und die neue Ausrüstung übernommen werden.

Die Besatzungen bereiteten das Löschen der Fässer schon auf der Weser vor. Das Anschlagen der Fässer und das Heraushieven aus den Räumen an Deck verbrauchte viel Zeit. Da die Schiffe wegen einer Untiefe in der Lesum-Mündung erst mit der Flut kurz vor Hochwasser einlaufen und festmachen konnten, mußte kostbare Zeit eingespart werden. Bei Hochwasser lag das Schiff so günstig, daß die Fässer nach dem Absetzen auf der Rollplanke von allein an die Pier rollten und der Aufwand, sie zu ihrem Bestimmungsort zu bringen, relativ gering war. Dieses Rollen und Aufsetzen der Fässer – in drei Lagen – in der Halle war Arbeit der Besatzung.

Die günstige Situation mußte also genutzt werden. Daher hievte die Besatzung schon auf der Weser, hauptsächlich aus den schwer zugänglichen Räumen, Fässer an Deck. Schwer zugänglich war der Laderaum unter dem Logis und dem Reepraum. Von dort mußten die Fässer mit viel Kraft und Schweiß von zwei Mann herausgewuchtet und unter die geöffnete Luke zum Anschlagen an das Löschgeschirr gebracht werden. Schwierig anzuschlagen waren auch die Fässer in den Räumen unter der Last. Diese Räume waren mit Holzbrettern verschalt. Die Haken des Löschgeschirrs konnten hier nur mühsam angeschlagen werden. Alle anderen Räume waren in Abständen von ca. 45 cm mit senkrecht stehenden dünnen Eisenrohren unterteilt. Die Faßränder waren dort zum Anschlagen leicht zugänglich.

Man stellte zuerst das Deck vollständig mit Fässern voll. Auf die stehenden Fässer wurden dann noch Fässer in Querlage darübergerollt. Die Grenze bestand darin, daß der Kapitän um die Stabilität des Schiffes zu fürchten begann und den Eifer seiner Leute oft recht entschieden bremsen mußte. Für den, der etwas von Stabilität verstand, und unter Berücksichtigung, daß ein Logger keinen Tief- oder Ballasttank besaß, mußte es wie ein Wunder vorkommen, daß die Schiffe in diesem Zustand ohne zu kentern an die Pier gelangten.

Das größte Volumen der Ausrüstung, nämlich Wasser und Kohle für den Kessel, wurde in Fässern übernommen. In Fässern wurde auch Proviant übernommen, nämlich Pökelfleisch und Hartbrot. Kühlräume für Proviant gab es nicht, auch keinen Kühlschrank. Daher gab es so schöne Sachen wie Frischfleisch, Gemüse, Eier und Brot nur für die ersten Tage der Reise. Auch mit den besten Tricks ließen diese Dinge sich nicht länger haltbar machen. Ab dann gab es Hartbrot, Salzfleisch und Konserven. Ein sehr abwechslungsreicher Speiseplan war daraus nicht zu gestalten. Es war auch nicht so, daß die Gesellschaft in dieser Angelegenheit von ihrem Grundsatz der Sparsamkeit abgewichen wäre. Die Leute hatten doch frischen Hering – jeden Tag!

Dies stimmte in der Tat. Und es war keineswegs so, daß die Besatzungen je des Herings zum Frühstück überdrüssig geworden wären. Die frischen Heringe, Bratjes genannt, waren eine Köstlichkeit. Pro Mann mußte der Koch mit vier bis fünf Stück im Durchschnitt rechnen. Außerdem wurden sie auch noch nachmittags oder abends kalt verzehrt.

So ein Logger war fast ganz mit Fässern beladen. Ausgenommen der Platz für die Maschine und das geräumige Logis achtern für Kapitän, Steuermann, Meister, Assistent und Koch. Das winzige Logis vorne für die zwölf Matrosen und Jungen beanspruchte nicht viel Raum. Es lag unter dem Vorderdeck. Unter ihm war der Laderaum für Heringsfässer, und neben ihm lagen Kettenkasten und Reepraum. Aus den drei Räumen gelangten die unterschiedlichsten Wohlgerüche in das Logis. Die Böden der drei Kabinette waren nämlich mit Löchern versehen, die das Ablaufen von Wasser und den Geruchsaustausch zwischen diesen Kabinetten gestatteten.

Die Besatzung schaffte das Löschen der Heringsfässer, das Beladen und den Austausch der Netze in Rekordzeit von etwa zwölf Stunden. Meistens ohne zwischendurch eine Mahlzeit zu sich zu nehmen. Ein gleichstarkes Aufgebot von landseitig Beschäftigten hätte dazu wohl drei Achtstundentage benötigt.

Die Netze wurden aus dem Netzraum an die Pier geholt und dort auf großen Plattenwagen aufgetürmt. Zur Überholung und Reparatur gelangten sie später zum Netzboden, nachdem sie gewaschen, imprägniert und getrocknet worden waren.

Den Mitarbeitern des Netzbodens widmeten sich die jungen Fischer mit einem nicht nur beruflichen Interesse. Sie gehörten nämlich vorzugsweise dem weiblichen Geschlecht an.

Die Begegnungen mit den Netzmädchen gehörten für die jungen Fischer zu den eindrucksvollsten Erlebnissen. Wegen der oben beschriebenen Hindernisse waren sie erstens sehr selten und zweitens stark ritualisiert. Die Gelegenheit zur Begegnung ergab sich dann, wenn ein Logger von See gekommen war, während der Mittagspause der Gefolgschaft. Die Besatzung war zu dieser Zeit meist mit Lösch- und Ladearbeiten beschäftigt. Wenn ein Mädchen zu dieser Zeit allein an die Pier gegangen wäre, hätte es sofort seinen Ruf ruiniert.

In der Erinnerung der Fischer wird sich wohl für immer dieses typische Bild eingeprägt haben: Oben an der Pier fest ineinandergehakt vier bis sechs junge Mädchen. Nett entsprechend ihren Möglichkeiten zurechtgemacht. Für die Seeleute an Deck ein äußerst angenehmer Anblick. Davon abgesehen, daß es die ersten Vertreterinnen des weiblichen Geschlechts waren, die ihnen hier seit Wochen unter die Augen kamen. Und das auch noch in offenbar freundlicher Absicht. Die jüngeren unter den Fischern hatten zur Mittagspause noch rechtzeitig eine saubere Takelbluse angezogen und ein verwegenes Tuch geknotet. Ganz flotte Schlauberger hatten sogar einen Korn mit Rosinen angesetzt für Fälle, die sowieso nicht eintreten würden. Dieses machte das Bild der ineinandergehakten Mädchen klar, daß weder die ganze Gruppe und schon gar nicht eine einzelne an Bord zu locken gewesen wäre.

Hinter der nun auf der einen Seite lockeren und auf der anderen Seite schnippisch geführten Unterhaltung verbarg sich der auf beiden Seiten unausgesprochene Wunsch zu einer kollektiven Verabredung für einen Abend während der Liegezeit. Das wurde aber in der kurzen Restmittagspause – Gott bewahre! – nicht ausgesprochen. Schon gar nicht, wenn es sich um eine Erstbegegnung handelte. Bereitschaft war aber auf beiden Seiten zu vermuten. Die delikaten Fragen, wieviel Paare, wer mit wem und so weiter, mußten erst innerhalb der männlichen und weiblichen Gruppe geklärt werden. Erst dann konnte der Unterhändler von Bord, wie zufällig am Arbeitsplatz der Mädchen vorbeikommend, die Einzelheiten klären. Dabei mußte er aufpassen, daß er nicht den Unwillen der Vorarbeiterin herausforderte.

Die getroffene Regelung konnte aber noch gekippt werden, wenn ein Mädchen, meist vom Typ Mauerblümchen, nicht bedacht worden war. Dann konnte es sein, daß ihre beste Freundin solidarisch ihre Teilnahme widerrief und damit die Angelegenheit zu platzen drohte. Also – neue Verhandlung mit dem Ergebnis, daß zum Beispiel der Oudste Heinz angedient wurde. Selbst hier konnte es noch geschehen, daß Mauerblümchen nun plötzlich, errötend und energisch Fritz ablehnend, den Jüngsten Robert als Begleiter reklamierte. Der mußte dann an Bord weichgeklopft werden. Erst dann konnte die Verabredung vorläufig als gesichert gelten. Es konnte durchaus geschehen, daß solche Weigerung wegen der schwierigen Kontaktmöglichkeiten dazu führte, daß für diese Liegezeit kein Treffen mehr zustande kam. Die Bemühungen dazu mußten dann nach der nächsten Reise wieder aufgenommen werden.

Und das alles unter schweren Bedingungen bei der Lade- und Löscharbeit und schwierigen Möglichkeiten bei der Kontaktaufnahme zu den Mädchen. Diese wiederum hatten meist noch ein weiteres Problem: die Erlaubnis zum Ausgang vom mißtrauischen Vater. Der durfte auf keinen Fall erfahren, daß es sich um ein Rendezvous mit den Logger-Jungs handelte. Also mußten sich die Mädchen einander unter einem unverdächtigen Vorwand zu Hause abholen und pünktliche Rückkehr versprechen.

Warum war das alles so kompliziert, wird sich ein Kind unserer Zeit fragen. Ein wichtiger Grund: Die Netzmädchen waren angelernte Arbeitskräfte. Ihr Lohn war, selbst für die damaligen Verhältnisse, sprichwörtlich bescheiden. Zum Teil diente er auch noch der Alimentierung der Familie. Für Mädchen aus diesem Milieu ist der gute Ruf ein wertvolles Gut. Viel leichter zu ruinieren, als der von Angehörigen der sogenannten besseren Kreise. Die Kriterien für einen guten Ruf waren seinerzeit viel rigoroser als heute. Es war auch keineswegs so, daß die Mädchen eine beliebige Anzahl einkommender Logger besuchen konnten. Das mußte schon genau bedacht werden, welchem Logger – und damit welchem ausgeguckten Jungen – sie die Ehre ihres Besuches zukommen lassen wollte! Man sieht also: Es waren die Mädchen, welche die Auswahl trafen. Ein forscher Antrag eines Jungen zum Beispiel zu einem Kinobesuch bei dieser Begegnung am Pier hätte überhaupt keine Chance auf Erfolg gehabt.

Den verabredeten Abend begann die Gruppe oft mit einem Kinobesuch. Die verfügbare Zeit danach war darauf begrenzt, inwieweit das Mädchen mit dem rigorosesten Vater die Ausgangserlaubnis überziehen wollte. Oft wurde dann ein Lokal aufgesucht, wo man gemeinsam in einer Art Séparée sitzen konnte. Zu der Zeit waren süßer Samoswein und jede Art von Likör der große Renner. Eine Sorte davon wurde großmäulig „Schlüpferstürmer" genannt. Es handelte sich dabei um Eierlikör, der in eine dünne Waffel gegossen und mit Schokoladenraspeln bedeckt war.

Im Laufe des Kneipenbesuchs kam es dann zu einem Ausbruch hemmungslos-naiver Knutscherei. Hier ist die Aufforderung zur Klärung dieses widersprüchlichen Ausdrucks angebracht. Dem wird aber nicht nachgekommen. Manche Dinge verlieren ihren Wert, wenn sie zu genau erklärt werden.

Anschließend brachten die Jungen dann die Mädchen, wohl meist in unbescholtenem Zustand, nach Haus. Dort hatte manche Tochter die Vorwürfe des aufgebrachten Vaters zu überstehen. Es kam auch vor, daß ein trotz großer Bedrängnis standhaft gebliebenes Mädchen von ihrem wütenden Alten Prügel einstecken mußte. Sie nahm diese Prügel als Martyrium für ihre Liebe hin. Hinterher, allein im Bett mit den Gedanken an ihren geliebten Loggerjantje, wird sie sich wohl fest vorgenommen haben, den Preis für ihr Martyrium bei der nächsten Reise zu kassieren. Nämlich, die Unbescholtenheit dranzugeben. Womit der erste Schritt zu der weiter unten genannten Reproduktion getan worden wäre. Doch zur Anwendung des später fertig gewordenen Produkts wäre es nicht mehr gekommen. Zu dem Zeitpunkt dämmerte die Fischerei-Gesellschaft schon ihrem Ende entgegen.

Dem zynisch veranlagten Betrachter dieser Szene könnte folgende Vermutung kommen:

Die Fischereigesellschaft befolgte eine weitgehende autarke Produktionsweise. Neben dem Netzboden gab es eine Böttcherei, Zimmerei, Schmiede, Maschinenwerkstatt, Proviantlager, Malerei, Dockbetrieb und neben der gesamten Fangverarbeitung noch weitere Gewerke. So auch eine eigene Schiffsausrüstung mit zollfreien Waren für die Besatzungen. Letzteres war ein besonders nützliches, weil risikoloses und einträgliches Geschäft. Wurden doch die von keiner Konkurrenz bedrohten Preise den Besatzungsmitgliedern direkt von der Abrechnung gekürzt.

Lag es da nicht nahe, auch die Reproduktion ihrer Arbeitskräfte oder – wie es damals hieß – Gefolgschaftsmitglieder in eigener Regie zu übernehmen. Die Voraussetzungen waren dazu gegeben: Einer großen Anzahl männlicher Arbeiter und Seeleuten stand eine ganze Menge Packfrauen und Netzstrickerinnen gegenüber. Es würde aber zu weit führen, unterstellte man der Geschäftsleitung, jemals solche Pläne gehabt zu haben. Im Gegenteil: Es gab genug Bestrebungen und damit auch entsprechende Hindernisse, die dazu notwendigen Begegnungen zu erschweren.

An dieser Stelle muß in Erwartung eines an sich berechtigten Vorwurfs wegen Diskriminierung der Packfrauen erklärt werden: Sie gaben dem Endprodukt Salzhering durch gewissenhafte Verpackung eine gefällige Form und sicherten dem Unternehmen – solange es in ihren Kräften stand – den wirtschaftlichen Erfolg; sie mußten wegen der spezifischen Arbeitsweise ihre weiblichen Reize fast vollständig verhüllen; sie hatten in der Regel eine gewisse Altersgrenze bereits überschritten.

Daß man nie einen jungen Fischer erlebte, der jemals eine Packfrau, wohl aber ein Netzmädchen glühend verehrte, kann nicht als Diskriminierung gewertet werden. Diesem Umstand abzuhelfen lag jenseits aller Möglichkeiten.

Zu der Gruppe der jungen Leute, die sich um die Jungen der „Völklingen“ bildete, gehörte ein Mädchen, das wir Ilse nennen wollen. Ilse hatte einen so strengen Vater, der ihr erst gar keine Ausgangserlaubnis gab. Sie ging an solchen Abenden früh zu Bett. Da ihr Vater immer verläßlich und früh müde wurde, konnte sie so rechtzeitig durch das Kammerfenster verschwinden, so daß sie die Gruppe kurz nach Schluß des Films noch in der Kneipe antraf.

Hier wurde sie mit großem Hallo empfangen und genoß den Auftritt sehr. Ilse hatte aber noch ein weiteres Problem. Nach dem Genuß von zwei Likören wurde sie unerhört lustig und nach dem dritten fast schon handlungsunfähig. Ihr Verehrer hatte erhebliche Mühe mit dem Heimbringen und der möglichst geräuschlosen Ablieferung durch das Kammerfenster. Für ihren Begleiter wollen wir einmal annehmen, daß er ein Gentleman blieb. Der Kodex schrieb jedenfalls vor, daß derartige Situationen auch von einem Fischermann bei kurzem Landaufenthalt nicht ausgenutzt werden sollten.

Jahre später sollte unser alter Bekannter Nils wieder von Ilse hören, die er als lieben Kerl in guter Erinnerung behalten hatte.

Nach der Heimkehr von Südamerika bekam er im ersten Kontinenthafen in den bunten Illustrierten Berichte zu lesen, die die Mitreise eines Netzmädchens auf einem Logger beschrieben. Nach dem Schiffsnamen zu urteilen, konnte diese Reise unter dem Kommando seines alten Kapitäns stattgefunden haben. Die übrige Beschreibung schien auf die Person Ilses hinzuweisen.

Dem Mädchen hatte man erzählt, das Schiff würde die kommende Reise nach New York gehen. In fröhlicher Stimmung wurde ihre Mitreise beschlossen. Als junger Mann verkleidet gelang es, sie nachts am wachsamen Pförtner vorbei an Bord zu schleusen. Am Morgen war man nüchtern – und auf See. Also faßten die Vordergäste den Beschluß zur Verschwiegenheit. Sie wurde an Bord auch bis zum Ende der Reise versteckt.

Bis hierher waren die Berichte übereinstimmend und präzise. Für den weiteren Verlauf wurden sie merkwürdig undeutlich, wobei einzelne Berichte in eine Art schmatzenden Journalismus übergingen. Also auch hier hatten die Jungs dichtgehalten.

Ein Besuch beim alten Kapitän bestätigte, daß er es war, der die Reise mit dem blinden Passagier gemacht hatte. Sichtlich verärgert berichtete der alte Herr von einer an sich guten und jungen Besatzung. Diese hätte zur Freizeit immer viel an Deck unternommen und wäre auch oft bei gutem Wetter mit einem Schlauchboot zu anderen Loggern gefahren. Zu der betreffenden Reise waren sämtliche Aktivitäten fast eingeschlafen. Und er hatte nichts bemerkt! Nur einmal waren sie mit dem Boot zu einem anderen Logger gefahren. Und da hatte wohl einer nicht dichtgehalten.

Nach der Reise ging der Alte zum „Witten“, wie der Vorstandsvorsitzende wegen seiner weißen Haare genannt wurde. Der sagte ihm zum Schluß des üblichen Gesprächs: „Und Sie haben bei dieser Reise ein Mädchen an Bord gehabt!“

Auf dem Weg zum Schiff begegnete ihm der Afhauer: „Hebbt wi een Wief an Bord hatt?“ – „Jo!“ „Ich hab’ ihm eine runtergehauen. Es war nicht recht. Aber das hat mich doch zu sehr geärgert!“

Der Leser mag beruhigt sein. Es brauchten keine Recherchen mehr gemacht zu werden. Nils war sich seiner Sache ganz sicher. Die Crew würde sich mit Ilse arrangiert haben. Sie bekam eine Koje, wenn alle an Deck waren. Zeit zum Ausschlafen hatte sie dann genug. Sie hat sich nützlich gemacht. Hat den Jungs die Sachen geflickt. Hat ihnen das Brot geschnitten, weil sie merkte, daß es schmerzhaft war, wenn die abgetrockneten, kaputten Hände mit dem Brotmesser hantieren mußten. Zum Luftschnappen an Deck konnte sie nur nachts gehen.

Es gibt keinen Grund, die Phantasie weiter zu bemühen. Er kannte seine Loggerkameraden, die zwar nicht von Ritterlichkeit schwatzten, die Ehre einer Frau aber zu wahren wußten. Wer dennoch seine Phantasie zu stark bemüht, beschmutzt sich selbst. Ilse und ihre Jungs haben das nicht getan.

# 6

Nach Beendigung des Löschens und Ladens zahlte der Kapitän den Vorschuß aus. So wurden der Anteil der Fangprämie und die verdiente Heuer euphemistisch bezeichnet. Der Rest des verdienten Geldes der leichtsinnigen Besatzung blieb bis zum Saisonende in gutmütiger Verwahrung der Gesellschaft. Dann war frei bis zum Auslaufen. Die rein Mindener Besatzungen fuhren mit einem Bus gemeinsam nach Hause und kamen erst zum Auslaufen wieder.

An Bord der „Völklingen" gab es wegen der gemischten Besatzung keinen gemeinsamen Aufbruch. Während die anderen aßen, sich landfein machten und nach und nach verschwanden, verzogen sich Hein und Nils zum Gefolgschaftshaus der Fischerei. Dort wurde ausgiebig geduscht. Bei der Rückkehr an Bord hatten sie das Logis für sich.

Ab jetzt spielte sich alles in beschaulicher Ruhe ab. Selbst die Unterhaltung wurde halblaut geführt. Der Proviant, den ein freundlicher Koch bereitgelegt hatte, wurde inspiziert. Vorher gab's noch einen heißen Tee mit Korn. Nach der selbst zubereiteten Mahlzeit, deren größter Genuß darin bestand, daß sie langsam und bedächtig eingenommen wurde, ging es, wenn die Tageszeit es zuließ, zum Friseur. Allerdings machten sie vorher immer noch einen Abstecher zum sogenannten „Kuttenkeller". Das Lokal hatte keinen sehr guten Ruf. Das erklärte auch, weshalb sich zu sehr später Stunde dort oft die Mitglieder der gehobenen Gesellschaft einfanden. Hein und Nils scherten sich nicht um den Ruf und schon gar nicht darum, zu welcher Tageszeit sie dort vor Anker gingen. Sie mochten den Wirt und seine Frau und diese beiden sie ebenfalls, nicht nur weil sie Kunden waren. Die Freunde meldeten sich also von der Reise zurück. Weiter war da noch ein Mädchen, von dem gesagt wurde, daß sie etwas großzügig mit ihrer Gunst umginge. Die beiden hatten natürlich davon gehört und mochten sie gerne. Es war ihnen gleichgültig, wie andere über ihre Gunstgewährung dachten. Und wenn es denn so wäre, irgend jemand mußte doch nett zu den Fischerjungen sein, denn diese waren es, denen sie bevorzugt zugetan war.

Das Mädchen schien auch in Nils einen Fischerjungen zu sehen und unterließ es nie, ihm ihre Zuneigung auch zu signalisieren. Was er nicht wußte, war, daß die anderen untereinander spekulierten, nach wie vielen Reisen er denn „reif" wäre. Niemand außer ihm wußte so sicher, daß das nicht geschehen würde. Ihrer gegenseitigen Freude bei jedem Wiedersehen tat das keinen Abbruch.

Während des Besuchs beim Friseur, der seinen Laden gegenüber dem Lokal hatte, mußte der Wirt noch eine Runde Bier herüberbringen. Das entsprang einer übermütigen Laune der beiden. Dabei hatten die Freunde eigentlich kein ausgeprägtes Bedürfnis nach Alkohol. Ihre Auftritte an Land ließen jedoch das Gegenteil vermuten. Der Jüngere konnte an seinem Kameraden zu vorgerückter Stunde eine geschickt verdeckte Zurückhaltung vom Trinken beobachten. Er selbst beherrschte diese Kunst nicht und trank tapfer alles, was aufgefahren wurde. Eine wohlwollende Natur zwang ihn jedoch, das Gift sehr schnell wieder abzugeben. Zu seinem Glück verstand er diesbezügliche Signale seines Körpers rechtzeitig, handelte danach und entging dadurch mancher Peinlichkeit. Danach war er wieder fit und konnte weitermachen. Beide standen in dem zweifelhaften Ruf, standfeste Getränksleute zu sein. Sie ihrerseits unterließen aus einer gewissen Eitelkeit heraus eine Klarstellung.

Das Nachtleben in den Nachkriegsjahren hatte eine besondere Note. In der Nähe des Heimathafens gab es auch an jedem Wochentag immer irgendwo ein Lokal mit Tanz. Der Vater aller Dinge hatte dafür gesorgt, daß sehr viele junge Frauen ihren Mann, Bräutigam oder Geliebten verloren hatten. Außerdem bestand allgemein das Bedürfnis, das im Krieg Versäumte nachzuholen. Bei Tanzveranstaltungen waren die Frauen immer in der Überzahl.

Derartige Veranstaltungen waren auch das Ziel der beiden Freunde, das jedoch nicht auf kürzestem Wege angesteuert wurde. Nach dem selbst zubereiteten Abendbrot an Bord wurden der „Kuttenkeller" und noch weitere Stationen angelaufen. Meistens kleinere Lokale, an denen Vegesack nie arm gewesen ist. Gelegentlich trafen sie auch dort alte Bekannte. Oft trafen sie Paul mit Anhang und machten dann gemeinsam weiter. Pauls Anhang bestand aus einer lebenslustigen Frau, die es auf eine sympathische Weise auch nicht so genau nahm. Ihre Liaison mit Paul ließ Variationen zu, wenn er auf See war. Weiter mit von der Partie war der Vater der Frau.

Dieser war einer jener standhaften „Roten“, die Nils im Laufe der Zeit zu bewundern gelernt hatte. Als Hitler die Macht übernommen hatte, war er einer der ersten, der in Schutzhaft genommen wurde. Bis zum Ende des Krieges behielt man ihn im KZ, das er glücklicherweise noch lebend verlassen konnte. Man sollte nun annehmen, daß er bei den Volksgenossen, die mit dem Führer nicht einverstanden gewesen waren – und das waren zu der Zeit fast alle –, als ausgewiesener Antifaschist große Achtung genoß. Es war nicht so. In diesen Zeiten neuen politischen Aufbruchs waren die neuen Tatmenschen von seiner Gegenwart nicht begeistert. Er war zwar ein untadeliger Mann, aber immerhin war er ja ein Häftling gewesen. Na, und dann auch einer von der dunkelroten Sorte.

So hatte er dann seine Entschädigung bekommen. Nils hatte das einmal nachgerechnet. Er kam auf DM 1,37 pro Hafttag. Man hatte wohl berücksichtigt, daß ihm während seiner Haft Kost und Logis gewährt worden waren.

Bei den gemeinsamen Landgängen beobachtete Nils den Vater. Er schien die gestohlenen Lebensjahre wieder einfangen zu wollen. Vermutlich hatte er dabei schon einen erheblichen Teil seiner Entschädigung eingesetzt. Nils fühlte eine gewisse Scham drüber, dieses mit ansehen zu müssen. Er spürte diese vergeblichen und doch so berechtigten Bemühungen. Besonders peinlich empfand er es, als er einmal einen feuchtfröhlichen Abend mit dem Vater auf dessen Kosten verbrachte, weil sein eigenes Geld schon aufgebraucht war. Der Alte hatte nicht zugelassen, daß er sich an Bord verdrückte. Offenbar hatte jener auch noch eine Angst vor dem Alleinsein entwickelt. Ganz offensichtlich liebte er die Gesellschaft der jungen Fischerleute, die sich ganz unbefangen amüsieren wollten, nachdem sie wochenlang auf See gewesen waren. Seinerzeit gab es auf See noch nicht einmal Rundfunkempfang. Auch fühlte er wohl, daß der Seemann bei seinen Landaufenthalten, ähnlich wie er, etwas Versäumtes nachzuholen versuchte, das im Grunde nicht nachzuholen war.

War Nils mit Hein unterwegs, dann gab es keine Eskapaden, die sehr ins Geld gingen. Der lebenserfahrene Hein bewahrte den Jüngeren vor solchen Ausflügen in die Scheinwelt des Nachtlebens. Später einmal sollte es Nils doch erwischen. Das war, als er sich am Ende der letzten Saison von seinen langjährigen Gefährten verabschiedete, um für immer zur großen Hochseefischerei, also auf einen Fischdampfer, zu gehen. Der Kapitän hatte die ganze Besatzung nach dem Abmustern eingeladen, weil er die Saison als Erfolgreichster abgeschlossen hatte. Nils war der Abschied doch sehr schwergefallen. Der Alkohol und der Abschied hatten ihn in eine schwermütige Stimmung versetzt. So geriet er dann spät nachts in Vegesacks einzigen Nachtklub. Dort wurde er hellsichtig als günstiges Opfer erkannt. Alle Register eines solchen Etablissements wurden gezogen, und Nils verwandelte sich in einen Kuddel Daddeldu. Am frühen Morgen war der Lohn von acht Monaten harter Fischerei dahin.

Eine Woche später wehte ihm zu Weihnachten an der Küste Islands ein eisiger Nordweststurm den Kopf endgültig frei. Genützt hat ihm dieses Erlebnis doch. Er geriet in seinem späteren Leben nie wieder in eine Situation, die einen verständigen Mann zu einem geldspeienden Idioten macht.

In dem jeweils zu guter Letzt angesteuerten Tanzlokal, das sie meist schon in sehr guter Stimmung anliefen, spielte sich eigentlich immer das gleiche ab. Hein schaute sich unter den Töchtern des Landes um. Komisch, daß seine Wahl immer auf eine traf, die über eine sogenannte „sturmfreie Bude" verfügte. Nils, der fröhliche Zecher, fand sich später plötzlich allein ohne seinen Kumpel, der es bei solchen Anlässen vermied, sich abzumelden. Meistens trollte er sich dann an Bord, um seinen Rausch auszuschlafen.

Geweckt wurde Nils dann manchmal sehr spät am Tag von seinem gutgelaunten Kameraden, der ihm dann gelegentlich seine nächtliche Eroberung bei Tageslicht vorstellte. Immer machte Nils dann die Beobachtung, daß sein Hein die jeweilige Dame regelrecht verzückt hatte. Er bedauerte diese meist sehr liebenswerten Frauen, weil Hein – wenigstens zu jener Zeit – über keinerlei Bindungswilligkeit verfügte. Etwas verwirrt ließ der sich die öffentlichen Liebesbezeugungen gefallen und erwartete eigentlich das

Auslaufen des Schiffes, damit dieses Kapitel abgeschlossen werden konnte.

Es geschah aber auch, daß beim Auslaufen seine Eroberung laut Adieu rufend parallel zum Schiff auf der Uferpromenade mitlief und winkte. Es wurde einmal sogar dabei eine Klopapierrolle als Flaggengruß entrollt. Hein, der sich dann nicht drücken wollte, stand verlegen an Deck und ertrug alles tapfer. Der Kapitän machte sich einen Spaß daraus, möglichst langsam und nahe an der rechten Fahrwasserseite entlangzufahren.

Nils machte sich jedesmal Gedanken über die Wirkung Heins auf die Frauen und brachte es immer mit dessen Zauberhänden in Verbindung. Aber die Wahrheit war wohl, daß Hein als „staatscher Kerl" durchging, der zusätzlich großes Vertrauen ausstrahlte. Und im Gegensatz zu vielen der chauvinistichen Kerle, die die Überzahl der Frauen ausnutzten, war er ihnen ein höflicher und vertrauenswerter Liebhaber. Da war es doch für ein Frauenherz legitim, eine kleine Hoffnung auf eine feste Bindung zu hegen.

Der Reepie-Jan seinerseits, als bedingungsloser Verehrer von Hein, sah diese Seite seines Idols mit Enttäuschung. Als ältestes Kind einer Kriegerwitwe, der so tatkräftig am Überlebenskampf der Familie mitgeholfen hatte, zog er unwillkürlich Parallelen zu seiner geliebten Mutter, die vielleicht auch noch hoffte, einen Mann für sich und Vater für ihre drei Kinder zu bekommen.

Ihr Sohn hatte als Folge seiner Kohlenbeschaffung sogar eine kurze Zeit in einem Jugendgefängnis zugebracht. Mit großer Sorge hatte sie ihn im Frühjahr zur See gehen lassen, nichtahnend, daß er hier in die für ihn bestmöglichste Gesellschaft geriet. Die Erfahrung, als Moses in eine gute Bordkameradschaft aufgenommen zu werden, war nach Kriegs- und Schwarzmarktzeiten ein ungeheuerer Glücksfall für einen, der sein Ideal noch suchte und hier so vollendet in der Person des Wantenehmers fand. Hein hatte den Eifer des Jungen schnell erkannt und fand in ihm einen aufmerksamen Lehrling. Heins These, daß Jungen hart zu sein hätten, schreckte ihn nicht. Er nutzte jede Gelegenheit, um seinem Mentor zu zeigen, daß er hart sein konnte. Anlaß zu dieser Demonstration gab es genug. Gelegentlicher Tadel spornte ihn nur noch mehr an. Aber es gab auch Lob. Hein hatte die Gabe, beides so sparsam wie glaubwürdig zu spenden. Der Junge hatte jetzt nur ein Ziel, ein Seemann wie Hein zu werden. Er hätte ja auch das Ziel haben können, Kapitän zu werden. Ein solcher Gedanke kam ihm vorerst nicht. Er wäre wohl bereit gewesen, daran zu denken, aber erst mußte das Ziel des vollkommenen Fischermanns erreicht werden. Insgeheim verehrte er natürlich auch den Kapitän, aber der war für ihn so etwas wie Gottvater.

Zu seinen liebsten Erlebnissen gehörte es, den Gesprächen der beiden zuzuhören. Wenn gesegelt oder mit Maschinenkraft gefahren wurde, mußte vormittags immer ein Junge wach bleiben, um den nächsten Rudergänger zum Wachtörn zu wecken. Wenn Hein die Wache hatte, verkrümelte sich der Junge in Leeseite hinter der offenen Nock (der äußerste Teil an jeder Seite der Brücke) und schnitzte dort Hupstöcke, die in großen Mengen beim Fässer-Dichtmachen gebraucht wurden. Dabei konnte er dem Gespräch der beiden folgen. Es war nicht so sehr das Gesprächsthema, welches meist von Fischfang, Wetter und manchmal auch von Privatem handelte, das ihn fesselte. Es gingen ja nur spärliche Sätze mit oft großen Pausen hin und her. Nein, es war die Art, wie die zwei von ihm hoch angesehenen Seeleute würdig miteinander verkehrten. Er spürte, wie der Kapitän Hein als kompetenten Partner achtete. Von solch einem Mann anerkannt zu werden, das wünschte er zu erreichen!

Eine weitere Gelegenheit, seinem Vorbild nahe zu sein und von ihm zu lernen, ergab sich beim Fässer-Dichtmachen. Diese – eine Küperarbeit – mußten alle Matrosen beherrschen. Die beiden Jungen hatten dafür zu sorgen, daß benötigtes Hilfsmaterial und Werkzeug stets zur Hand war, möglichst schon bevor der Betreffende seinen Mund aufmachte, um seinen Wunsch kundzutun. Wie eine OP-Schwester einen Chirurgen bedient. Nur hier hatte jeder Junge vier oder fünf „Faß-Chirurgen“ zu dienen. Einer an Steuerbord, der andere an Backbord. Die Fässer waren nicht immer im Bestzustand. Auch hier war es Hein, der die schwierigen Fälle am besten zu beheben wußte, und so landeten diese fast von selbst bei ihm. Jan, der Reepie, hatte sich ganz diskret die Backbordseite gesichert, an der auch Hein tätig war. Natürlich hatte er hier sein Augenmerk auf alle Matrosen dieser Seite zu richten, aber auf Hein gab er besonders acht. Und dieser achtete darauf, daß der Junge alles blitzschnell ausführte. Denn Jungen hatten nicht nur hart, sondern auch flink zu sein, und sie sollten das, was notwendig war, selbst erkennen. Doch achtete er auch darauf, daß der Jan von ihm lernte.

Das geschah auch beim Netzstricken. Eigentlich waren Kapitän und Steuermann für das Flicken der nachts beim Holen herausgelegten beschädigten Netze zuständig. Gelegentlich machte auch ein Matrose mit, der vorhatte, Steuermann zu werden. Die anderen Matrosen lehnten diese Arbeit ab, weil sie vorgaben, sie nicht zu beherrschen. Wer es trotzdem tat, ohne die Absicht zu haben, Steuermann zu werden, wurde im Vorschiff leicht als Liebediener diffamiert. Hein als geborener Fischermann („Fischerlüd mokt ehr Netten sülbst") setzte sich souverän darüber hinweg, wenn er es für richtig befand, es zu tun. War der Reepie dran mit „Wache-Ansprechen", dann bekam er auch hier seine Lektion und nahm diese begierig an. Hein machte ihm klar, daß es eines Fischermanns unwürdig sei, diese Arbeit nicht zu beherrschen. Netze, die aus Zeitmangel notdürftig mit Takelgarn gebändselt wurden, waren ihm ein Greuel. Er machte dem Reepie aber auch klar, daß er diese Arbeit nie aus Liebedienerei, sozusagen mit dem Blick nach oben, machen solle.

Das Verhältnis zwischen dem Wantenehmer und Reepschieter konnte klassisch genannt werden. Hier der Mentor Hein, dort sein Jünger Jan. Es entbehrte jedoch des Ruchs, den die Apologeten der Klassik diesen Verhältnissen mit verschleiernder Verherrlichung ihnen gelegentlich andichten. Ohne daß es ihm bewußt wurde, lebte der Junge in einem Kokon männlicher Zärtlichkeit, die Hein für ihn empfand. Diese wurde konterkariert durch seine strenge Erziehung zur Härte und Seemannschaft. Des Wantenehmers Vorbild und Erziehung bewirkten bei Jan das, was Sarrastro, des übrigen freimaurerischen Hokuspokus entkleidet, verlangt: „Ein Mensch zu sein." Das Vorbild des Kapitäns trug zusätzlich zur positiven Entwicklung seiner Persönlichkeit bei. Und dieses alles stand unter der schönheitlichen und zugleich drohenden Allgegenwart der See. Hier wurde geformt, was später im Leben nicht verbogen werden konnte.

Da der Reepie an Bord niemanden hatte, mit dem er über sein Ziel reden konnte, mußte er seiner Mutter nach der Reise sein Herz ausschütten. Sie verstand nichts von Ausdrücken wie Wantenehmer, Afhauer, Kantje, Reep, Spill und so weiter, aber sie bemerkte seine Begeisterung und spürte, daß hier Gutes geschah. Obwohl ihr armer Kleiner hundemüde und mit entsetzlich zugerichteten Händen nach Hause kam.

# 7

Grundsätzlich galt für alle Arbeiten auf dem Logger, daß sie schnell und sorgfältig erledigt wurden. Auch wenn sie nicht unmittelbar mit der Fangverarbeitung zu tun hatten, was ja Voraussetzung für die Qualität des Produkts war. Alle anderen Arbeiten wurden nach demselben Grundsatz und häufig, wenn sie spezifischer Art waren, immer durch dasselbe Team gemacht. Der Grund war nicht etwa der, daß man das Prinzip Schnelligkeit und Sorgfalt vergötzte, es war pure Notwendigkeit, damit jeder soviel Zeit wie möglich für seinen Schlaf bekam. Diese Zeit war kostbar, mußte man doch auch stets gegenwärtig sein, daß ein großer Fang das Schiff beglückte. War das der Fall, kam es vor, daß sich die Matrosen am Morgen eines solchen Tages ganz offiziell von ihrer Koje verabschiedeten. Wehe dem, der vorher mit seiner Ruhezeit leichtsinnig umgegangen war!

Eine Arbeit, die nicht unmittelbar mit der Verarbeitung zu tun hatte, war das Stauen der vollen Heringsfässer, deren Gewicht gut drei Zentner betrug. Das Team dazu bestand aus dem Steuermann, der das Löschgeschirr bediente; Hermann, der das Hieven und Senken dieses Geschirrs über den Spillkopf mittels eines Läufers (hier: ein Hanfseil) besorgte; Hein, dem Wantenehmer, der im Raum das eigentliche Stauen übernahm, und dem Oudsten Heinz, der den Anschläger und Zähler machte. Anschlagen bedeutete, daß die beiden Haken des Löschgeschirrs an beiden Faßrändern eingehakt wurden.

Diese Gruppe sonderte sich so rechtzeitig bei der Arbeit des Fässer-Dichtmachens ab, damit alle Mann gleichzeitig mit der Arbeit fertig werden würden. Hermann machte seinen Läufer am Spill klar. Um schnell und zuverlässig mit dem Seil arbeiten zu können, hängte er es nach getaner Arbeit immer so sorgfältig an der Nagelbank des Großmastes auf, daß es weder Fett und Ölspritzer vom Spill noch Gälle vom Schlachten beschmutzen konnten. Das Löschgeschirr wurde am Genickstag direkt über die zu bearbeitende Luke geholt. Der Lukendeckel wurde geöffnet, und Hein ließ sich am Löschgeschirr in den Raum fieren. Die Öffnung war nur so groß, daß ein Faß gerade eben noch hindurchging.

Was nun kam, war ein eingespieltes Ritual. Heinz mußte blitzartig das Faß anschlagen, Pfoten wegnehmen, denn Hermann hievte sofort an, weil er die Luke im Blickfeld hatte. Der Steuermann dirigierte das Faß über die Luke, ein kurzer Nicker mit dem Kinn, schon fierte Hermann. Kurzer Ruck mit dem Kopf in den Nacken, Hermann stoppte ab. Mehrfaches Nicken mit dem Kopf, Hermann senkte das Faß langsam ab, da dieses Zeichen „auf und nieder" bedeutete. Also wurde das Faß senkrecht direkt unter der Luke abgelegt. Kopf nach hinten, das Löschgeschirr sauste nach oben. Nächstes Faß! Armer Heinz, wenn er es nicht rechtzeitig klarliegen hatte. Hermann wußte nun schon, daß das nächste Faß weiter in Richtung Bordwand zu liegen kam. Je weiter die Fässer an der Back (hier: Platz in der Nähe der Bordwand) plaziert wurden, desto mehr nickte der Steuermann nach dort hin. Ging das Faß an die äußere Back, war für den Betrachter eigentlich nichts Besonderes zu sehen. Aber Hermann stellte sich jetzt ganz auf Hein ein, den er ja in der Luke nicht sehen konnte. Er wußte, daß Hein nach dem Abstoppen das Faß vor die Brust nahm und eine günstige Bewegung des Schiffes abwartete, um dann mit dem Faß an die Back zu marschieren. Hein und Hermann waren gut aufeinander eingestellt. Hermann fierte im richtigen Moment so gefühlvoll, daß das Gewicht des schweren Fasses zur Hälfte von Hein getragen wurde und zur anderen Hälfte noch im Löschgeschirr hing. Dann langsames Absenken, damit das Faß unversehrt landete. Eine brutale Landung hätte das Faß beschädigt und die ganze Arbeit zunichte gemacht, die in ihm steckte. Denn ein trockengelaufenes Faß war wertlos, die Heringe verdarben.

So ging das weiter, bis mit ca. 30 Kantjes die Luke vollgestaut war. Hein wurde vom Steuermann nach der Anzahl der Fässer gefragt. Bei falscher Auskunft gab's eine Kopfnuß. Eigentlich wäre das Zählen nicht notwendig gewesen. Die beiden anderen wußten genau, wieviel Fässer in die jeweilige Luke paßten. Die Kopfnuß war allerdings mehr symbolisch, ärgerte den Oudsten jedoch immer sehr. Sie schloß ihn nämlich von einem subtilen Ritual aus, das die vier Leute jedesmal veranstalteten, wenn eine Luke nach schneller und sauberer Arbeit geschlossen wurde. Es gab einen

kurzen, jedoch intensiven Blickaustausch, der die Leistung und damit die gegenseitige Zufriedenheit ausdrückte.

Ein anderer Vorgang wurde allerdings mit Absicht etwas langsamer angegangen. Gelegentlich mußte der kleine Frischwassertank aufgefüllt werden. Über einen hölzernen Wasserkasten, eine Art Trichter, wurde der Inhalt der Wasserfässer in den Tank gekippt. Nach dem Öffnen der Fässer steckte erstmal jeder, dem es möglich war, Kopf und Arme hinein. Wasser wurde immer in neuen Fässern mitgenommen. Das kühle Wasser hatte den Harzgeruch des Fichtenholzes angenommen und erquickte Tast- und Geruchssinn wundervoll. Fast ein Höhepunkt der Reise!

Beim Auffüllen des Kohlentanks ging es dann wieder mit der gewohnten Schnelligkeit zu. Und wer mußte die verdreckten Kohlenfässer, in die auch Heringe kamen, schrubben? Natürlich das Geschwader der Leichtmatrosen und Jungen!

War die Reise wegen guter Fänge kurz, wurden Wasser und Kohlen außenbords gekippt. Beides mit gemischten Gefühlen. Besonders bei der Kohle. Wurde die doch damals noch als schwarzes Gold angesehen. Außerdem fühlten sich die Loggerjantjes den Kumpels im Geist verbunden, da sie ihnen als einzigen an Land Tätigen zugestanden, daß sie selbst ein ähnlich schweres Arbeitsleben führten.

Wenn es kein sehr großer Fang war, dann wurden nachmittags nach dem Kaffee die Fässer dichtgemacht. Bis dahin mußten die Heringe in den Fässern gut sacken. Sonst hätten später die Heringe im Pökel die Bewegungen des Schiffes mitgemacht und wären durch die dauernde Reibung schlecht geworden.

Afhauer und Reepschieter mußten sich jetzt gut vorbereiten. Sie banden ihr halb umgeschlagenes Fell (Ölschürze) so um, daß in den oberen Zwischenräumen zwischen dem Fell und Oberkörper allerlei verschiedenes Material untergebracht werden konnte. Außerdem mußten sie ständig einiges Werkzeug vorhalten, das sie ebenso wie das Material den Matrosen zureichen mußten.

Bei der Arbeit trugen alle vorzugsweise Holzschuhstiefel, also halbschäftige Lederstiefel mit Holzsohle. Die Fischermannshosen waren in den Schaft gesteckt. Dazu Takelbluse, halb umgeschlagenes Fell und eventuell um den Hals ein Schweißtuch. Einigermaßen gutes Wetter vorausgesetzt, war das eine Arbeit, bei der man sich kaum beschmutzte. Fast jeder achtete darauf, hierzu möglichst in reinlicher Arbeitskleidung anzutreten. Ja, es wurde sich da mit einem gewissen Aufwand, auch an Eitelkeit, zurechtgemacht. So seltsam es klingen mag, man genoß Arbeitskultur.

Der Kapitän beobachtete die Arbeit sehr genau. Wenn hierbei nämlich gepfuscht wurde, lief später das Faß trocken. Damit wären der Verdienst für alle und der gute Ruf des Alten dahin. Letzteres nahm er sehr ernst. Er war bekannt dafür, daß die Verarbeitung auf seinem Schiff immer erstklassig war. Daß er dafür noch Extraprämien kassierte, war schon in Ordnung. Die Besatzung profitierte ja auch von hohen Packzahlen. Die Packzahlen nämlich verringerten sich durch schlechte Qualität und trockengelaufene Fässer. Aus diesem Grund war der Kapitän meistens selbst dabei, wobei sein wachsames Auge die Arbeit der Matrosen nicht außer acht ließ.

In den Fässern wurde mit flinker Hand die Kopflage arrangiert. Somit bekam nun jeder seinen Teil Salz und Pökel an die ohnehin schon geschundenen Finger. Die Kopflage mußte so liegen, daß der Deckelrand noch gerade in die Randnute des Fasses gepreßt werden konnte. Dabei hielt man eine Hand flach auf den Deckel gepreßt, die andere klopfte vorsichtig mit dem Dissel (leichter Hammer mit geschwungener, flach auslaufender Rückseite) am Rand entlang, bis die Deckelkante in die Nute einschnappte. Dann wurde der Kimmhupen aufgesetzt und mit dem Moker (schwerer Handhammer) und Treibholz angetrieben. Das geschah auch mit den Bauchhupen. Diese beiden Hupen waren Eisenbänder oder ringe, die durch das Antreiben zur bauchigen Mitte des Fasses hin die Dauben des Fasses zusammenpreßten und es damit wasserdicht machten.

Für die Dichtigkeitskontrolle genügte bei den Wasserfässern eine visuelle Kontrolle von allen Seiten. Sie waren neu, unbeschädigt, und ihr Holz war durch den Wasserinhalt gut aufgequollen. Alle anderen Fässer wurden intensiver geprüft. Hierbei mußten die beiden Jungen auf folgende Rufe reagieren, wenn sie nicht schon von sich aus tätig wurden: „Bohr!" Der Junge kam und bohrte mit der Brustleier ein Loch in den Faßdeckel.

„Blaspiep!" Er reichte dem Matrosen einen spitzen Trichter, den dieser in das Loch steckte. Nun blies er kräftig in die Blaspiep und beobachtete, ob sich irgendwo am Faß Blasen zeigten. War das der Fall, rief er: „Werg!" Der Junge reichte Werg zu. Der Matrose drehte dies zu einem Strang und kalfaterte (mit der flachen Rückseite des Dissels) die undichte Stelle. Kleinere undichte Stellen an den Dauben wurden oft ausgebohrt.

„Hupstock!" Der Junge setzte diesen in das Loch, der Matrose schlug ihn, den Hupstock nämlich, mit dem Moker in das Loch. Nochmalige Kontrolle mit der Blaspiep. War alles dicht, hieß es nochmal: „Hupstock!" Der kam und wurde in das Loch des Deckels getrieben. Das Faß war nun fertig und wurde beiseite gestellt.

„Tortenheber!" Dieser Ruf erschallte, wenn ein Faßdeckel nochmals wieder herausgenommen werden mußte. Es handelte sich um eine Art kleine Brechstange, an einem Ende abgeflacht und gebogen. Mit diesem Gerät konnte der Deckel eines vollgepackten Fasses vorsichtig aus der Faßnute gehebelt werden.

„Drievhupen!" Dieses war ein spezieller Hupen aus Rundstahl. Mit ihm wurden die Dauben vorübergehend durch sein Antreiben zusammengepreßt, wenn es nicht gelungen war, den Kimmhupen aufzusetzen.

Es gab auch Fässer, die schon viele Reisen gemacht hatten. Manchmal hatten sie schwere Mängel. Eigentlich hätten sie gar nicht an Bord gelangen dürfen. Da sie nun einmal da waren, mußte alles getan werden, sie dichtzubekommen. Zum reichlichen Kalfatern mußte noch einiges mehr getan werden.

„Talg!" Der Talg kam und mit ihm meistens – mißtrauisch geworden – der Alte. Denn Talg in brüchige Stellen zu schmieren, das war kein absolut sicheres Mittel. Aber schließlich mußten sie sich doch auf diese ungeliebte Behandlungsweise einigen. Es gab nichts Besseres.

„Kreide!" Sie kam und wurde zum Markieren der brüchigen Stellen benutzt. Dieses Faß wurde später zuoberst in die Luke gelegt, mit den markierten Stellen nach oben.

Wie rohe Eier wurden diese Krücken später an Land in die Packhalle gerollt und separat abgelegt. Jeder freute sich, wenn keines dieser Sorgenkinder trockengelaufen war.

Neben dem Reepschieter Jan ist ein weiterer Schiffsjunge an Bord: Ludwig, der Afhauer. Seine spezifische Arbeit beim Holen besteht darin, an der Winde den Reep durchzuholen. Seinen Namen Ludwig benutzte niemand, er wurde immer Afhauer gerufen. Wie bei der Seefahrt üblich, sind die Jungen für alle kleinen Arbeiten zuständig, die sonst niemand erledigen will.

Der jüngste Leichtmatrose wird auf dem Logger als Jüngster bezeichnet. Seine Arbeit während des Holens besteht darin, beim Hieven die ankommenden Zeisingknoten vom Reep zu lösen und eventuell sie noch per Hand etwas durchzuholen, damit die Netzoberkante möglichst dicht an die Bordwand kommt. Ebenfalls muß er die Brailtaue der Blasen lösen, sie gut aufschießen (aufwickeln) und dann die Blasen in der Brailkrippe verstauen. Dabei muß er aufpassen, daß der Arbeitsplatz im Vordersteven frei bleibt und nicht durch abgesteckte Blasen versperrt wird, die er nicht schnell genug hatte wegschaffen können. Wenn das Hieven schnell ging und die Knoten sich noch tüchtig festgezogen hatten, konnte er diese Arbeit kaum bewältigen. Die Knoten zogen sich immer fester, je weiter sie zum Spill hin gehievt wurden. Wehe, er konnte einen Knoten nicht rechtzeitig lösen! Dann mußte das Hieven des Reeps gestoppt werden, damit dieser Knoten nicht um die Spilltrommel gewickelt und dadurch das Netz entzweigehievt wurde. Das gab eine Abmahnung von der Last her, denn das Schiff setzte seine langsame Vorausfahrt, die beim Hieven des Reeps entsteht, fort, ohne daß auf der Last das Netz weiter geholt werden konnte, weil der Zeising erst vom Reep gelöst werden mußte. Nach dem Klarieren dauerte es dann immer eine gute Weile, bis das Holen wieder in richtigen Schwung kam. Das Erscheinen des Steuermanns im Steven bei solchen Anlässen trug auch nicht zur Erheiterung des Jüngsten bei.

Der Jüngste Robert war ein großer, kräftiger, aber etwas einfältiger Bursche. Sein Eifer, etwas schnell zu tun, hatte zur Folge, daß ihm vieles mißlang. Denn er war von Natur aus auf Langsamkeit eingerichtet. Das hatte ihm während der letzten Saison, die er auf einem anderen Logger als Reepschieter zugebracht hatte, viel Ärger bereitet. Niemandem konnte er es dort recht machen und jeder hatte seine Späßchen mit ihm getrieben. Es war die Hölle für ihn! Und trotzdem hatte er es noch einmal gewagt und auf der „Völklingen" als Jüngster angemustert.

Seine Arbeit verlangte Übersicht und schnelle Reaktion. Ganz das Gegenteil von dem, was Robert konnte. Seine Aufgabe, die Blasen in Schuß zu halten, erledigte er in seiner Freizeit mit viel Zeitaufwand bestens, nachdem ihm das vom Oudsten Pia, seinem Vorgänger, richtig gezeigt worden war. Seinen Händen bekam das nicht gut. Die Pfropfen, mit denen das Luftloch der Blasen nach dem Auffüllen verstopft wurden, mußte Robert nämlich selbst aus Werg und Teer herstellen und dann fest in das Luftloch hineindrehen. Teer an von Salz zerfressenen Wunden ist so ziemlich das letzte, was sich ein Fischer wünscht. Das konnte er aber wegstecken.

Doch der Job beim Holen im Vordersteven! Wieviel stürmte dort auf ihn ein! Und nichts durfte schiefgehen! Geschah aber doch häufiger. Höhepunkt war die Situation, als er ein Brailtau nicht rechtzeitig lösen konnte und die Blase mit lautem Knall vor der Klüse zerplatzte. Der Steuermann schien nur Augen für seine Fehler zu haben, um sich an ihm abzureagieren. Wenn da nicht zwei gute Geister gewesen wären!

Der Wantenehmer Hein, dessen Partner Robert beim Aussetzen war, sah die Schwierigkeiten dieses gutmütigen Elefantenkükens. Bei seinem Freitörn während des Holens ging er oftmals in den Steven, holte die Zeisinge nach dem Lösen durch, damit die Oudsten das Holen außenbords leichter hatten. Dabei gab er Robert wieder und wieder Hinweise, wie er besser mit seiner Arbeit zurechtkommen könnte. Auch sorgte er oft dafür, daß Robert das angesammelte Blasenchaos im Steven beseitigen konnte, denn die Blasen mußten ordentlich in der Brailkrippe gestaut werden. Ähnliche Hilfe erhielt er auch gelegentlich vom schweigsamen Matrosen Hermann, der komischerweise immer dann während seines Freitörns bei Robert erschien, wenn das Chaos am größten war und nichts mehr zu gehen schien. Und Robert lernte dabei mit immerwährendem Eifer, den er seinen beiden geheimen Helfern schuldig zu sein glaubte. Natürlich langsam, wie es nicht anders sein konnte bei seiner Veranlagung.

Wenn er allein in seiner Koje lag und seine geschundenen Hände einfettete, träumte er davon, wie er diesen beiden Seeleuten ihre Anteilnahme und ihre Hilfe vergelten könnte. Denn was diese taten, das war nicht unbedingt üblich in der Heringsfischerei. Er hatte es auf dem anderen Logger genügend erfahren. Für die beiden hätte er sich in Stücke reißen lassen.

Und noch jemandem galt seine Dankbarkeit oder vielmehr seine einfältige Verehrung. Auf seinem letzten Schiff hatte er von jedem Spott und Schikane ertragen müssen, einschließlich derer des Kapitäns. Gewiß, auch von dem Kapitän auf der „Völklingen" hatte er gelegentlich Vorwürfe hinnehmen müssen. Sah aber ein, daß sie immer wohlbegründet waren. Doch es war auch vorgekommen, daß der Kapitän seine Partei ergriff, wenn die anderen Jungen oder Leichtmatrosen mit ihm ihre Scherze trieben, obwohl er sie mit seinen gewaltigen Körperkräften mühelos hätte zur Räson bringen können, was aber nicht seine Sache war. Seine Bewunderung und Verehrung für diesen Kapitän waren instinktiv und grenzenlos. Robert konnte sich hierbei nur seinem Gefühl hingeben. Sonst hätte er den Beweis erkannt, daß wahre menschliche Größe sich bei der Achtung vor der Würde des Geringsten manifestiert.

Die beiden dienstälteren Leichtmatrosen wurden auf den Loggern Oudsten genannt. In der Regel erreichten sie diese Stellung in ihrer dritten Saison im Alter von zirka 16 bis 18 Jahren. Übrigens fand man an Bord der Logger kaum Fischer, die nicht schon in sehr jungen Jahren angefangen hatten zu fahren. Leute, die es im vorgeschrittenen Alter mit dem Heringsfang versuchen wollten, hielten dieses schwere Leben nicht aus. Sie verließen meist fluchtartig das Schiff, wenn es von der Reise zurückkehrte.

Vermutlich haben die Oudsten ihren Namen daher, daß sie die älteren Leichtmatrosen sind, die an der Reling, vor den Krippen stehend, von außenbords das Spireep, den Oberteil des Netzes, heranreißen. Das nimmt ihre ganze Kraft in Anspruch. Wenn der Zug zu stark wird, knicken sie mit dem Oberkörper ein. Eine Tortur für die noch nicht ausgewachsenen jungen Leute.

Von den beiden Oudsten schälte sich immer einer als der Boß des Junggrad-Geschwaders heraus. Es gab an Bord nämlich einige

Arbeiten, mit denen sich die Matrosen nicht befaßten. So zum Beispiel mit Backschaft, Logisreinigen, Deckwaschen, Deck vorbereiten zum Schlachten und zum Holen, Loten mit dem Wurflot, Aufholen und Bergen des Focksegels und einige andere als minderwertig angesehene Arbeiten.

Daran war die hierarchische Ordnung an Bord der Logger zu erkennen. Sie war stark ausgeprägt und festgefügt. Dafür brauchten aber die beiden Jungen und der Jüngste nachts keine Fleetwache zu gehen.

Der älteste Oudste oder der, dem die Boßrolle zugewachsen war (durch Leistung nämlich), war verantwortlich für die Arbeiten des Geschwaders. In dieser Saison hatte sich als Boß ein Produkt aus Heins Schule entwickelt. Der junge Helmut war zusammen mit seiner Mutter und seinen Geschwistern aus Ostpreußen geflüchtet und vor zwei Jahren als Afhauer auf dieses Schiff gekommen. Hein hatte den zähen und drahtigen Burschen in seine bewährte Zucht genommen. Als er hörte, daß dessen Mutter Pia hieß, hatte er ihn fortan auch Pia genannt. Das geschah aber auf eine so einfühlsame Weise, daß dieser später noch den Namen Pia in aller Würde als Matrose tragen sollte.

Hein mit seiner Namensgeberei hatte insofern eine glückliche Hand, daß sie – ob nun passend oder unpassend – immer „ankamen“. Nur einmal hatte er danebengegriffen. Einen etwas beschränkten Leichtmatrosen hatte er „Gandhi“ getauft. Gandhi war öfter die Zielscheibe von Spott und Fopperei. Eines Tages beim Schlachten eines größeren Fangs wurde es dem Alten wohl zuviel. Er ergriff Partei für den armen Kerl. Darüber hinaus verwahrte er sich dagegen, daß man mit dem Namen Schindluder treibe. Er sagte dazu, daß Gandhi wohl der größte und verehrungswürdigste Mann dieses Jahrhunderts sei. Alle schwiegen betreten. Nicht so sehr, weil sie Gandhi verehrten, aber die meisten fühlten sich ertappt. Fast alle waren sie der Meinung, daß auf diesem Schiff keine Schikanen passierten und rechneten sich ihren Anteil daran zu. Und nun hatten sich sie alle miteinander über einen zwar trotteligen, aber wehrlosen Jungen hergemacht und ihn in seinem hilflosen Schmerz alleingelassen.

Nils war erstaunt und besonders beschämt.

Erstaunt darüber, daß der Alte in diesen Dingen bewandert war und sich ein klares und unabhängiges Urteil gebildet hatte. Dies in einer Sache, von der Nils annahm, daß sie nicht zu den Interessen seines Vorbilds gehöre. Seine Bewunderung nahm erneut zu.

Besonders beschämt war er, an dieser Hatz teilgenommen und nicht, wie der Alte, Partei ergriffen zu haben. Beschämt auch über seine Verkennung der Person Gandhis. Erst jetzt erschloß sich ihm diese merkwürdige Person in Sandalen und dem weiten, weißen Laken als die Persönlichkeit, die ein Volk von einer halbe Milliarde Einwohnern mit den Mitteln der Gewaltlosigkeit und durch sein persönliches Vorbild aus der Kolonialherrschaft geführt hatte. Er sah hier, daß die Erziehung zum Heldentum doch noch ihre Spuren an ihm hinterlassen hatte. War nicht dieser schlichte Führer der Armen und Aussätzigen ein Ebenbild des Mannes aus Nazareth?

Unserem Gandhi wurde fortan das Leben leichter. Der Name blieb ihm – aber nun in Ehren – erhalten.

Hierarchische Strukturen erweisen sich sehr oft als negativ in ihrer Wirkung. Hier auf der „Völklingen“ stellten sie sich jedoch so dar, wie jede Hierarchie ursprünglich begründet wurde: durch Leistung. Jeder Inhaber einer hierarchischen Position auf der „Völklingen“ mußte diese immer wieder durch seine Leistung behaupten und tat das auch.

Daß es auch anders sein konnte, hatte der Nils als Afhauer gleich nach dem Krieg erlebt. Da fuhr das Schiff mit einer Besatzung, die willkürlich zusammengestellt worden war. Obwohl die spezifische Leistung von den meisten Matrosen nicht erbracht werden konnte, wurde auf die hierarchische Position gepocht. Das mündete in Schikanen gegenüber den Junggraden. Hier war es nun anders. Da jeder Matrose seine Arbeit beherrschte, hatte er es nicht nötig, seine Position gegenüber den Junggraden auszuspielen. Es war im Gegenteil so, daß jeder Matrose aus eigener, bitterer Erfahrung die Nöte der Jungen kannte und sich, wo es anging, darum bemühte, deren Los unauffällig zu erleichtern. Die Folge war ein Klima der Leistungsbereitschaft, wie man es selten erlebt.

Unauffällig erleichtern: Daran hatte zum Beispiel Nils eine starke Erinnerung. Gleich nach Kriegsende wurde in den Gefangenenlagern nach Fischerleuten gesucht, die dann vorzeitig entlassen wurden unter der Bedingung, daß sie sich sofort der Fischereigesellschaft zur Verfügung stellen mußten. Das waren natürlich keine guten Besatzungen, denn die, die sich meldeten, waren längst nicht alle erfahrene Fischer. Zum Teil hatten sie vor dem Krieg eine Saison als Junge gefahren. Auf der „Völklingen“ waren zum Glück seinerzeit auch einige gestandene Matrosen.

Einer davon war Hermann. Nils war von der Weser bis zum Fangplatz drei Tage schwer seekrank gewesen. Nun stand er zum ersten Hol die ganze Nacht am Spill und mühte sich mit dem dicken, steifen Reep, den er über die Spilltrommel hereinholen mußte. Hinter ihm holte der ebenso kranke und ungeübte Reepschieter den Reep in den Reepraum hinunter. Nils war sehr klein, daher hatte man ihn auf eine umgekehrte Balje gestellt, damit er überhaupt das Dampfventil des Spills bedienen konnte. Auf Zuruf mußte er schneller oder langsamer hieven. Da der Reepie oft zu hart zog, weil er nicht aufs Deck sehen konnte, wurde der arme Afhauer immer seitlich nach unten mitgezogen. So bekam er zu allem sonstigen Übel auch noch Seitenstiche. Die Tortur wollte und wollte kein Ende nehmen. Trotzdem gab er sich keine Blöße durch Klagen. Als Hermann zu seinem Freitörn in den Vordersteven ging, bemerkte er die Not des Kleinen. Er fragte ihn beiläufig, ob er denn nicht mal pinkeln müsse. Beide wußten von einander, was jeder dabei meinte. Nils konnte sich im wahrsten Sinne des Wortes „verpissen“. Das gequälte Kreuz konnte für eine Netzlänge grade gemacht und frei durchgeatmet werden. Dann ging er zurück an seine Fron. Aber er hat Hermann diese Wohltat nie vergessen und später auf die gleiche Weise die Nöte der Jungen gemildert.

Besonders hatte ihn die Beiläufigkeit seiner Hilfeleistung beeindruckt. Diese Art bemerkte er gelegentlich auch bei anderen Matrosen. Aber immer waren es die, an deren Seemannschaft es keine Zweifel gab. Für einen Jungen wirkte diese diskrete Hilfe nicht nur körperlich. Seine verzweifelte Seele wurde durch mitfühlende Fürsorge aufgerichtet, und die Diskretion ihrer Gewährung zeigte eine Art männlicher Komplizenschaft, die auf die Würde des Jungen Rücksicht nahm. Kein Wunder, daß jener Matrose einen eifrigen Gefolgsmann in dem jungen Kerl gewonnen hatte.

Im Laufe seiner ersten Reise stellte sich heraus, daß noch jemand die Hand über Nils hielt, ohne daß dem das anfangs auffiel. Es war Leo mit dem Nachnamen Wydra. Leos Herkunft sagt einiges aus über die Bevölkerungsentwicklung Vegesacks und Umgebung.

Dieses schwach besiedelte Gebiet verdreifachte seine Einwohnerzahl in sehr kurzer Zeit ab Mitte des vorigen Jahrhunderts. Die aufstrebende Werftindustrie, Wollkämmerei, Steingut- und Tauwerkfabrikation sowie die Fischerei zogen eine große Schar Zuwanderer an. Sie kamen vor allem aus Schlesien und Polen.

Die Zuwanderer waren zielbewußt, fleißig und genügsam. Ihr größtes Ziel war der Erwerb eines eigenen Häuschens. Auch wenn viele es nicht wahr haben wollen, so leisteten sie doch einen vorteilhaften Beitrag zur Entwicklung einer ganz besonderen Kultur. Nils entsann sich an die Zeit vor dem Krieg. Oftmals traf er auf die Großmütter der inzwischen integrierten Nachkommen. Wenn jene unter sich waren, sprachen sie in ihrer geliebten polnischen Sprache miteinander. Indiz für eine gewisse Sehnsucht nach ihrer alten Heimat, deren Verlust ihre Kinder und Enkel schon nicht mehr fühlten.

Leo war ein typisches Enkelprodukt dieser Zuwanderer. Als Junge schon brannte in ihm die Sehnsucht zur Seefahrt. Vor dem Mast sollte diese für ihn stattfinden. Ein strenger Vater zwang ihn jedoch, einen „vernünftigen" Beruf zu erlernen, und zwar den eines Maschinenbauers. Während der Lehre, die er auch erfolgreich abschloß, erlöschte das in ihm brennende Feuer nicht. So kam er vor dem Krieg, in den Jahren des forcierten Ausbaus der Bremen-Vegesacker Heringsfischerei, als Assistent auf einen Heringslogger.

An Bord eines Loggers gab es nur zwei Mann mit einem „richtigen", d. h. durch echte Lehrzeit und amtlichen Brief bestätigten, Beruf. Es waren dies die Leute aus der Maschine, der Meister und sein Assistent. Sie wurden scherzhaft „Schwarze" genannt. Als Voraussetzung für ihren Beruf mußten sie eine abgeschlossene Lehre als Maschinenbauer oder Maschinenschlosser nachweisen. Da es für die nautische Laufbahn einer ähnlichen Voraussetzung nicht bedurfte, waren die Techniker an Bord recht stolz darauf. Viele der „Schwarzen" ließen das die „Decksbauern" oft genug mehr oder weniger ernsthaft wissen. Einige wenige von ihnen vermieden es grundsätzlich, mit denen an Deck zusammen zu arbeiten. Wenigstens nicht mehr als notwendig. Diese Notwendigkeit war indes gegeben bei großen Fängen. Als Nutznießer der Fangprämie mußten sie dann mit an Deck.

Leo sah das anders. Wenn er schon offiziell kein richtiger Fischermann geworden war, so wollte er doch beweisen, daß ein solcher in ihm steckte. Immer, wenn es möglich war, half er bei jeder Arbeit an Deck. Dabei eignete er sich alle Fähigkeiten und Kenntnisse an, die einen guten Matrosen ausmachen. Selbst vor der Arbeit des Wantenehmers auf der Last beim Schlachten schreckte er nicht zurück. Als eines Tages bekannt wurde, daß Leo scheppen würde, setzten sich Kapitän, Koch und Meister mit auf die Keekplanke, obwohl die Größe des Fanges das nicht erforderte.

Natürlich scheiterte er trotz größten Krafteinsatzes. Denn dieses Geschäft erforderte auch ein gerüttelt Maß an Erfahrung. Er mußte mehrmals den Ruf „Hering“ zur Kenntnis nehmen. In Anbetracht der besonderen Umstände war dieses Scheitern sehr ehrenvoll für Leo. Beim nächsten Versuch konnte er nicht mehr zur Strecke gebracht werden. Und er übernahm diese Arbeit so oft, bis er sicher war, sie unter allen Umständen erfolgreich durchführen zu können. Das schloß auch die oben beschriebene Gefühlsmassage ein, das heißt, die Möglichkeit des Wantenehmers, das Tempo des Schlachtens durch gezieltes Lob und Tadeln zu beschleunigen. Aufgrund seiner Erfahrungen und seines idealistisch geprägten Berufsethos war Leo darin ein großer Meister. Besonders die von ihm so einfühlsam angesprochenen Jungen liefen dann zur Hochform auf. So mancher von ihnen verletzte sich seine Finger dabei mehr als nötig wegen seines übertriebenen Eifers. Diese Verletzungen begannen im Prinzip erst während der Heimreise zu heilen.

Höhepunkt Leos Karriere war wohl eine Saison kurz vor dem Krieg. Der jetzige Kapitän der „Völklingen“ führte derzeit einen älteren Logger. Leo hatte er schon früher als Assi an Bord gehabt und natürlich sein Kaliber erkannt. Zu Beginn jener Saison fehlte dem Kapitän noch ein Matrose, während ausreichend Assistenten zur Verfügung standen. Vielleicht hatten der Alte und Leo die

Angelegenheit auch etwas gefingert. Ergebnis jedenfalls war, daß Leo als Matrose „für die Reise/Zeit Vegesack, der Nordsee zum Heringsfang und zurück“ (so der offizielle und grammatisch bedenkliche Eintrag im Seefahrtsbuch) gemustert wurde.

Eigentlich hätte diese Musterung nicht stattfinden können. Die Bestimmungen schrieben schon eine gewisse Qualifikation vor, die in diesem Fall nicht erfüllt war. Aber bei einem solch großen Arbeitgeber der Region drückten die Behörden, hier in der Person des Beamten des Seemannsamtes, schon mal ein Auge zu. In den Geschäftsunterlagen der Fischereigesellschaft ist Leos Fahrtzeit während jener Saison einwandfrei belegt.

In jenen Zeiten, als noch nicht jeder Furz genehmigt und reglementiert werden mußte, war es möglich, daß ein Junge auch ohne erfolgreichen Abschluß der Volksschule sehr schnell Matrose werden konnte – und sogar auch ein sehr guter. Ausschlaggebend war seine Bereitschaft zum Lernen, zur Not auch durch Selbstaneignung von Fähigkeiten und Kenntnissen. Einen Lehrplan gab es nicht. Wer lernen wollte, fand auch im allgemeinen seinen Lehrmeister. Wer nicht lernen wollte, dem wurde auch nicht mehr beigebracht als das, was gerade benötigt wurde. So konnte man besonders bei der Fischerei zwei Klassen von Matrosen finden. Die Passiven, deren Fähigkeiten gerade so ausreichten. Diese mußten sich oft gefallen lassen, zu sogenannten Hauruckarbeiten eingeteilt zu werden, während die Aktiven mit anspruchsvolleren Arbeiten bedacht wurden. Aus letzteren rekrutierten sich vor allem jene, die später die Steuermannsschule besuchten. Aber es gab auch viele unter ihnen, die diesen Weg verschmähten und als Matrosen auch noch in vorgerücktem Alter zur See fuhren. Aufgrund ihres Alters, ihrer Erfahrungen und Kenntnisse bildeten sie das Element der Sicherheit in einer Besatzung, die mit allen möglichen Sicherheitsrisiken zurechtkommen mußte. Im Gegenzug wurde toleriert, daß solch ältere Fahrensleute gelegentlich ökonomischer mit ihrer Körperkraft umgehen mußten. Wie wohltuend wirkt sich diese Arbeitskultur aus gegenüber jener Gesellschaft, die unter Leistung nur den kräftigen Gebrauch der Ellenbogen versteht.

Für Leo erfüllte sich während jener Saison sein Berufstraum wenigstens teilweise. Daß sich die Saison für dieses Schiff auch wirtschaftlich gut entwickelte, wird er ganz bescheiden seiner Mitwirkung zugeschrieben haben.

Nils erlebte Leo bereits auf seiner ersten Reise nach dem Krieg. Er war immer noch Assi. Seiner Beförderung zum Meister war wohl sein lebhaftes Engagement an Deck hinderlich gewesen. Nicht, daß er ein schlechter Assistent gewesen wäre. Sein Einsatzwille war hier genauso stark entwickelt. Es spielte wohl der unselige Konflikt zwischen „Schwarzen" und „Decksbauern" eine Rolle, der sich in fast einem Jahrhundert auch hier entwickelt hatte. Ein Assistent mit einem solchen Engagement an Deck war verdächtig. Selbst an verantwortungsvoller Stelle an Land war man anscheinend nicht frei von derartigen Vorurteilen.

Obwohl es auf den Loggern nicht üblich war, daß die Achtergäste das Logis im Vorschiff aufsuchten, kam Leo sooft wie möglich nach vorn. Das lag an seiner immer noch nicht erkalteten Liebe zur Seemannschaft, kann man wohl getrost sagen. Er fand zwar hier eine gewisse Anzahl von Matrosen vor, die ihm das Wasser längst nicht reichen konnten. Gleichwohl konnte er es sich nicht versagen, seine Brüder im Geiste aufzusuchen. Leo und Nils waren sozusagen Landsleute. Der Großteil der damaligen Besatzung stammte aus dem Raum Minden. Da war es gewissermaßen tröstlich für Nils, daß Leo ihm Sympathie entgegenbrachte.

Leo erzählte Geschichten aus seinem Leben und aus seiner Fahrenszeit. Nils lauschte den phantastischen Schilderungen voller Staunen und mit Inbrunst hinter seinen zugezogenen Kojenschotten. Diese Art der Zurückgezogenheit hatte er sich angewöhnt, da die Matrosen es nicht litten, daß die Jungen zu aufmerksam zuhörten, wenn sie von ihren – oft recht langweiligen – Liebesabenteuern schwadronierten. Leo hatte auch einen Winter auf einem Fischdampfer als Heizer an der norwegischen Küste und im Nordmeer zugebracht. Hermann, der selbst fünf Winter auf Fischdampfern gefahren war, bemerkte dazu trocken, daß Leo während eines Winters mehr erlebt habe als er, Hermann, in fünf. Nils' Faszination tat das keinen Abbruch.

Durch sein Verschanzen in der Koje brachte er sich um einen zusätzlichen Genuß. Leo war ein dunkler Typ mit spitzer Nase, schwarzen Augen und grau-schwarzen Haaren. Diese wurden wohl nicht oft gekämmt. Wäre auch zwecklos gewesen. Denn Leo, wenn er erzählte – und er erzählte fast immer – begleitete seinen Vortrag mit einer unbeschreiblichen Mimik und mit dem Raufen seiner Haare. Ein Abend ohne Leo war ein verlorener Abend. An einem solchen Abend wurde Nils das Opfer einiger Matrosen, die ihn zwingen wollten, vor dem Einschlafen das Vaterunser laut zu beten. Seine konstante Weigerung führte schließlich dazu, daß er regelrecht über die Back gezogen und verprügelt wurde. Als diese Prügelei zu sehr eskalierte, machte Willem, der derzeitige Wantenehmer, dem Spuk ein Ende. Als Detmolder gehörte er nicht zu den Bückeburgern und schien besonders diese drei oder vier Leute zu verachten. Halblaut murmelte er noch etwas von „Scheißkerlen“, offenbar eine Aufforderung, sich ihm zu stellen. Das geschah aber nicht.

Leo hörte von diesem Stück am nächsten Tag. Abends erschien er vorne am Niedergang zum Logis und schickte Nils mit einem Auftrag nach achtern zum Meister. Dann fuhr er unter diese ihm benannten Matrosen. Dieser biblische Ausdruck fiel Nils ein, als ihm einer der Oudsten, ein ehemaliger Fähnrich, den es zur Fischerei verschlagen hatte, den Vorgang erzählte. Leos Haare waren gesträubt, und seine kohlschwarzen Augen versprühten Blitze. Er beschimpfte diese Matrosen als nachgemachte Seeleute, die sich nicht schämten, einen wehrlosen Jungen zu verprügeln. Er nahm offenbar gar nicht wahr, daß er einer Übermacht gegenüberstand. Seine Beschimpfung gipfelte in der Ankündigung, daß er ihnen „die Eier rausreißen“ würde, falls er derlei nochmals erfahren sollte. Wutschnaubend verließ er die Walstatt.

Der Fähnrich erzählte Nils, daß er trotz des männlichen Auftretens von Leo sich an die Wut der Weiber während der Französischen Revolution erinnert gefühlt hätte, wie es bei Charles Dickens beschrieben wäre. Nils überhöhte diese Darstellung ins Historische, indem er sie auf die furchtlose Widerspenstigkeit der polnischen Vorfahren Leos zurückführte. Diese Furchtlosigkeit, die sich so wohltuend vom deutschen Duckmäusertum abhob.

Nils selbst tat dieser Auftritt wohl. Er wußte zwar, daß er gegen Übergriffe der Matrosen nicht gefeit war und er sich nie erlauben könnte, derartige Vorfälle achtern zu berichten. Aber es war ein angenehmes Gefühl, einen starken Freund zu haben. Da er gleich Leo die Beteiligten als nachgemachte Seeleute einschätzte, hatte dieses Ereignis ihn innerlich nicht beschädigt, obwohl er während der Prügelei von glühender Wut erfüllt gewesen war.

Nils war bei jenem Vorgang Opfer von körperlicher Gewaltanwendung geworden. Als Kind und Junge hatte er diese oft erlebt und gefürchtet. Bei prügelnden Lehrern, bei HJ-Aufmärschen, wenn Passanten die Fahne nicht gegrüßt hatten, und gegenüber hungernden Kriegsgefangenen. Obwohl diese brutale Gewaltanwendung nach der damaligen Staatsauffassung sanktioniert war, konnte er sich innerlich nicht damit abfinden. Bei der Ahnung, daß der Mensch Gottes Ebenbild sei, wie es im Religionsunterricht gelehrt worden war, hatte sich in ihm eine unbewußte Abscheu vor der Gewalt entwickelt. Es mußte etwas mit der Würde des Menschen zu tun haben. Und dennoch – er selbst hatte sie in einem unbedachten Reflex einmal angewandt.

Der Anlaß war auf See. Als Oudste hatte er beim Deckreinigen, das nur den Jungen und Leichtmatrosen oblag, das Kommando. Der Jüngste, ein ziemlich starker Bursche, drohte durch Widerworte und Quertreiberei seine Autorität zu untergraben. Da muß ihn sein Gott für einen Augenblick verlassen haben. Er versetzte seinem Widersacher einen kräftigen Faustschlag ins Gesicht. Diese Überraschung, denn eine solche war es wohl, stellte die Ordnung wieder her. Sein gewollter Ausrutscher verunsicherte ihn anfänglich sehr, söhnte ihn jedoch insofern aus, daß er damit ein höheres Gut verteidigt hatte. Weitere Überlegungen und Skrupel waren nicht seine Sache.

Aber sein Verhalten zu Jan, so hieß der Jüngste, richtete er so ein, daß es zwischen ihnen nicht wieder zu einer Konfrontation kommen mußte. Eine Art von Konfliktbereinigung, die bei der Fischerei oft zu beobachten war. Die Schwere des Fischerlebens ließ in der Regel keine Dauerfeindschaften zu.

Später im Frühjahr 1952 sollte er wieder von Jan hören. Er war mit einem Fischdampfer in der Nordsee auf Heimreise von Island. Es herrschte ein schwerer Nordweststurm. In den Downs war der Isbrandtsen-Frachter „Flying Enterprise“ in Seenot geraten. Unter großem Medientamtam wurde die Besatzung und sehr viel später der Kapitän gerettet. Gleichzeitig ging weniger beachtet das Fischereimotorschiff „Thor“ mit der gesamten Besatzung, außer dem 1. Steuermann, in der nördlichen Nordsee unter. Dieser wurde am anderen Morgen, in einem Rettungsboot treibend, gerettet. Bei ihm angeleint war noch die Leiche eines Heizers. Als Nils auf der Brücke davon hörte, geriet er in große Trauer um seinen guten Freund Jonny, den er auf diesem Schiff wußte. Empfindet ein Fischermann den Tod seiner unbekannten Kollegen schon mit großer Trauer, so geht der Verlust eines Freundes noch viel tiefer. Wie auch eine Freundschaft unter Männern, die Entbehrungen und Gefahr miteinander erlebt haben, mehr Tiefgang hat als eine normale Freundschaft.

Wie freudig wurde er dann in Bremerhaven überrascht, als Jonny ihm dort über den Weg lief. Der war etwas bedudelt und sagte, er feiere seine Wiederauferstehung. Sein Schiff hatte er auf klassische Weise verloren. Die „Thor“ war länger als vorgesehen im Hafen geblieben. Jonny wollte die freie Zeit noch nutzen und verlangte im Reedereibüro Vorschuß. Als es den nicht gab, „haute er in den Sack“ (Begriff für kündigen). Die tariflich festgesetzte Kündigungsfrist ließ das nicht zu. Die Reederei wollte aber zeigen, wo es langgeht und schickte umgehend einen Matrosen. Von denen warteten seinerzeit viele auf ein Schiff. Es war Jan, der sich freute, so schnell und unerwartet ein Schiff zu bekommen, mit dem er dann auf so tragische Weise in den Tod fuhr. So mischte sich in die Freude um Jonnys Überleben der Kummer um Jans Tod, der doch trotz des damaligen Vorfalls ein guter Gefährte gewesen war.

Einige Tage nach der Vaterunser-Geschichte nahm Nils ungewollt furchtbare Rache. Zu Beginn der Reise war jedem die Tabakration ausgehändigt worden: 75 Gramm für jeden, auch für die Jungen. Nils hatte in aller Unschuld dem Alten ein halbes Paket gegeben als Dank für einen richtigen Ölrock, den er sonst nirgendwo bekommen hätte und der doch eigentlich ein unverzichtbares Ausrüstungsstück war. Das verbleibende Päckchen hatte er zwischen seine Wäsche gepackt – und vergessen.

Auf dem Schiff war zur Zeit dieses Vorfalls seit zwei Wochen alles weggeraucht worden, was irgendwie mit Tabak Ähnlichkeit hatte. Die Sucht nach Tabak nahm abenteuerliche Formen an.

Eines Abends, als alle Vordergäste im Logis versammelt waren, kramte Nils in seiner Wäsche und plötzlich lag für alle sichtbar ein unschuldiges Päckchen Tabak auf der Back. Aller Augen richteten sich wie hypnotisiert auf diese Pretiose. Nils hätte sich nicht gewundert, hätte der Tabak plötzlich angefangen zu glimmen. Die intensiven Blicke der Gier ließen das erwarten. Für einen Moment, in dem die Zeit stillzustehen schien, war kein Laut zu hören. Dann überschlugen sich die Angebote. Die Mindener verfügten über mitgebrachte Räucherwurst und Schinken, deren Verzehr er bisher nur zugesehen hatte. Willem, der wohl am meisten unter dem Entzug gelitten hatte, bot ihm eine nagelneue Marine-Klapphose. Nils wurde ganz verlegen darüber, daß er eine solche Aufregung verursacht hatte. Er wußte in Willems Besitz einige Dosen Rübensirup und erbat sich kleinlaut eine solche. Das Geschäft wurde prompt getätigt.

Lustvoll schmatzend genoß Nils eingetauchtes Hartbrot mit Sirup, während Willem die übrigen Rauchernasen den ersten Qualm wittern ließ. Erst als der kleine Afhauer das schadenfrohe Gesicht des Wantenehmers sah, kam er darauf, was er seinen Gegnern angetan hatte. Es ist nicht mehr bekannt, ob Willem später noch geteilt hat.

Nils erinnerte sich an eine Geschichte, die über einen „kujonierten" Jungen erzählt wurde.

Zentrales Utensil dieses Stücks war die Mannschafts-Kaffeekanne. Ein wahres Ungetüm, in der autarken Fischereigesellschaft selbstverständlich in der eigenen Schlosserei produziert. Sie glich einer überdimensionierten Schmierölkanne, die ihr Pedigree nicht verleugnen konnte. Jedes Schiffahrtsmuseum müßte ein solches Exemplar als kostbares Stück betrachten.

Dieses Gefäß hatte ein Fassungsvermögen von gut zehn Litern. Auf dem Logisfußboden war es durch eine sinnreiche Vorrichtung gegen Seegang gesichert. Das Ungetüm mußte einer der Jungen täglich zweimal bei jedem Wetter nach vorn wuchten. Nachts tat das übrigens der Matrose der letzten Fleetwache, der Holemann.

Auf irgendeinem Schiff hatte man den Afhauer auf seiner ersten Reise besonders schlimm kujoniert. Während der Heimreise wurden die Matrosen nach einigen Schnäpsen rührselig, sagten dem

Jungen, daß er eigentlich ganz gut wäre und wohl auch das Zeug zu einem guten Fischermann hätte. „Wi wöllt di denn ok nich mehr soveel piesacken!“ Darauf trocken der Junge: „Is good, denn piß ik jo ok nich mehr in’n Koffie.“

Leos späterer Werdegang konnte nicht mehr verfolgt werden. Nils entsann sich seiner nur noch insofern, daß er mit rührender Liebe und Fürsorglichkeit an seiner jungen Familie hing. In der sogenannten „schwarzen Zeit“ vor der Währungsreform wird er viele unkonventionelle Maßnahmen riskiert haben, die jener ein erträgliches Leben sicherte.

Menschen vom Schlage Leos werden in der Regel im Leben nicht allzusehr von materiellem Erfolg heimgesucht. Eines ist jedoch sicher. Am Ende aller Tage wird der auf Erden so unruhige Leo an der rechten Seite seines Herrn sitzen.

# 8

Zu Beginn einer jeden Saison mußte die Holergang sich neu formieren. Die notwendige Einstellung zur gewünschten Harmonie mußte jedem neu Hinzugekommenen vermittelt werden. Kam der Neue aus der eigenen Besatzung, war das ziemlich problemlos. Es war dieser in der Regel der Kok-in-Ruum der letzten Saison. Froh darüber, endlich seiner ungeliebten Stellung entkommen zu sein, ließ er es an Einsatzwillen nicht fehlen. Die Eingliederung in den Arbeitstakt gelang leicht, da er mit der Einstellung seiner Kameraden vertraut war. Kam ein Fremder hinzu, konnte es passieren, daß der Eingliederungsprozeß etwas länger dauerte. Auch mußten Afhauer, Jüngster und die Oudsten sich mit ihrer neuen Aufgabe vertraut machen. Beim Holen mußte sich jeder an Deck vollkommen in diesen Prozeß einfügen. Gelang das bei allen mit der auch noch notwendigen ausdauernden Konzentration, dann ging das Holen flott voran. Die Kräfte wurden zwar voll beansprucht, aber nicht so völlig verausgabt, wie es bei längerer Dauer des Holens durch fehlenden Einklang der Fall gewesen wäre. Bei großen Fängen zahlte sich diese Schonung der Kräfte aus. Der Fang konnte schneller verarbeitet werden. Daher ergab dies für das Produkt Salzhering eine bessere Qualität.

Am Anfang dieser Saison gab es einige Schwierigkeiten, die der neue Steuermann verursachte. An Können und Kräften mangelte es ihm nicht. Ebenso konnte er sich gut in den Arbeitstakt einfügen. Es gab jedoch Nächte, in denen seine Konzentration nachließ. Für alle sichtbar geriet dann die flotte Holerei ins Stocken und wurde dadurch beschwerlicher.

Eines Nachts war es wieder so. Der Steuermann hatte die Mittelposition am Want, fummelte herum, so daß er die losen Heringe vor seiner Hand nicht los wurde. Sein Aussingen war saft- und kraftlos. Alle außer ihm selbst bemerkten das mit zunehmendem Ärger. Der geduldige Hermann mit dem ihm eigenen Hang zur Ironie vermutete für sich, daß der Stürmann jetzt wohl die Erträge seines heimischen Kartoffelackers kalkulierte.

Hein, der seine Position am Want oberhalb des Steuermanns

innehatte, wollte nicht dessen völliges Einschlafen abwarten. Er griff plötzlich mit dem kräftigen Ruf „Hole!“ in die Maschenpart seines Nachbarn und holte diese mit seinen Bärenkräften durch. Der verdutzte Steuermann verlor das Gleichgewicht und stürzte hintenüber in die leere Backbord-Krippe. Wahrscheinlich hatte es auch eine Berührung mit dem Ellenbogen des Wantenehmers gegeben. Mühsam befreite er sich aus dieser unwürdigen Lage und nahm seinen Platz am Want wortlos wieder ein. Von diesem Augenblick an bis zum Ende der Saison war die Effektivität des Holens makellos.

Hein hatte etwas getan, was im Politjargon jener Zeit als „Brinkmanship“ bezeichnet wurde. Er war bis an den Rand des gerade noch Tolerierbaren gegangen. Das heißt, eigentlich darüber hinaus. Denn genaugenommen hatte er eine Tätlichkeit begangen. Auf See, einem Patentinhaber gegenüber, war das keine Kleinigkeit. Es kam nun darauf an, wie der Steuermann reagieren würde. Dieser hatte seine Entscheidung über die Behandlung des Vorfalls in der kurzen Zeit zu treffen, die er benötigte, um wieder auf die Beine und auf seinen Platz am Want zu kommen. Er hatte die Möglichkeit des Aufbauschens dieses Ereignisses mit der dann zwangsläufigen Einbeziehung des Kapitäns, der dann notwendigerweise zu seinem Stellvertreter halten müßte. Ein wenig schmeichelhaftes Vorgehen, das ihm formell Genugtuung geben, aber wenig Ansehen bringen würde.

Die Möglichkeit einer tätlichen Auseinandersetzung zwischen beiden wäre zwar gegeben, aber andererseits kaum vorstellbar gewesen. Entgegen dem landläufigen Urteil, daß es bei dem rauhen Leben auf den Schiffen oft Schlägereien gegeben habe, kamen die bei der Fischerei höchst selten vor. Nils sollte z. B. in seiner zehnjährigen Fahrtzeit dort nie eine regelrechte Schlägerei erleben.

Der Steuermann entschied sich für die dritte Möglichkeit, nämlich des Niedrighängens. Diese Entscheidung war nicht ohne Risiko. Würde seine Autorität nicht Schaden nehmen? Wenn er den Leuten Böswilligkeit unterstellte, müßte er das befürchten. Aber er hoffte zu Recht, es hier mit Seeleuten von Format zu tun zu haben.

Der Wantenehmer hatte den Zeitpunkt seiner Intervention klug gewählt. Als der Steuermann wieder seine Position bezogen hatte, war gerade der Zeitpunkt für die Ablösung des Freitörns gekommen. Jetzt nahm der Steuermann die untere Position am Want ein. In der Mitte hatte August die Position des Aussängers eingenommen. Die Oudsten, der Jüngste und der Afhauer hatten den unerhörten Affront mehr oder weniger entgeistert mitbekommen. Jetzt wurden sie nacheinander durch barsche Hinweise von August angewiesen, doch ihre Arbeit – verdammt noch mal! – aufmerksam und mit vollem Einsatz zu verrichten. Das Holen kam in Schwung, jeder war gezwungen, sich voll zu konzentrieren. Der erste Nebel des Vergessens begann sich schon jetzt über den Vorfall zu legen.

Später im Logis machte ein jüngerer Matrose den Versuch, dieses Ereignis als Thema auf die Back zu bringen. Ein eisiger Blick vom Wantenehmer brachte den jungen Mann zum Stottern und zum Schweigen. Jetzt war vorne jedem klar, daß dieses Vorkommnis ein „Nichtereignis" war. In der Folge wurden alle Zeuge, wie es Hein an Achtung gegenüber dem Steuermann nie fehlen ließ. Dadurch gab er ihm seine Würde zurück. Da beide häufig ein Team bei der Arbeit bildeten und Hein den Steuermann in ungekünstelter Weise seine unbedingte Loyalität spüren ließ, hätte man am Ende der Saison davon reden können, daß beide freundschaftlich miteinander umgingen.

Der einzige, der vorne von dem Nichtereignis keine unmittelbare Kenntnis hatte, war naturgemäß der Reepschieter, der in seinem Kasten die Vorgänge nicht zu sehen bekommen hatte. Er hatte jedoch ein Gespür entwickelt, das ihn befähigte, das beredte Schweigen an jenem Vormittag zu bemerken. Ludwig, der Afhauer, mußte ihm das Vorkommnis aus seiner Sicht heimlich berichten. Der Reepie war in der Lage, dieses Ereignis annähernd richtig zu bewerten. Es zeugte von seiner beachtlichen Sensibilität, zu erkennen, daß hier Würde und Unantastbarkeit der Schiffsleitung auf dem Spiel standen. Zur weiteren Schlußfolgerung, daß diese unendlich wichtig für die Existenz des Schiffes und seiner Besatzung sein könnten, wäre es später dann nicht mehr weit.

Eigentlich war jeder froh, daß der Alte nichts mitbekommen hatte. Daß es nicht so stand, sollte Hein auf sehr subtile Weise erfahren.

Eines Vormittags versegelte das Schiff zu einem neuen Fangplatz. Der Logger lief vor dem Wind mit allen Segeln eine gute

Fahrt. Der Reepie liebte diese Stimmung. Zwar mußte er während seines Törns zum „Wache-Ansprechen“ heute auf der Brücke Messing putzen. Das tat seinen beschädigten Fingern nicht gut, und außerdem hatte er auch unter einem unerfüllten Schlafbedürfnis zu leiden. Ein sehr verständlicher Dauerzustand für einen Jungen auf Heringsfang. Aber die Anwesenheit des Kapitäns und Heins, der Rudergänger war, ließ ihn das nicht so sehr spüren.

Der Reepie bemerkte voll stiller Freude, daß der Alte, den Kopf zum Brückenfenster hinaushaltend, eine Art Brummelgesang anfing. Und bald darauf artikulierte er das Lied, das da fragte, warum es am Rhein so schön sei. Nie hatte der Junge ein anderes als dieses Lied vom Kapitän gehört. Schon kam auch der von ihm erwartete Refrain, daß der Wein jung und das Mädel alt zu sein habe. Es war ihm immer wieder ein stiller Genuß, den Alten diesen Refrain in offenbar völliger Geistesabwesenheit – oder Gedankenverlorenheit? – singen zu hören.

Der Gesang brach plötzlich ab. Der Alte wandte seinen Kopf fast unmerklich Hein zu. Wie beiläufig bemerkte er auf hochdeutsch, das er instinktiv für die ihm als wesentlich erachteten Mitteilungen benutzte: „Ich glaube, wir haben eine gute Holer-Gang.“ Hein, den so leicht nichts aus der Fassung bringen konnte, mußte alle Kraft aufbringen, damit ihm der Gefühlsaufruhr, den diese unerhörte Mitteilung verursachte, nicht anzumerken wäre. Um einer Antwort enthoben zu sein, starrte er angestrengt auf den Magnetkompaß unter der Brückendecke und legte zwei Speichen Backbordruder. Ein Manöver, dessen es bei dem stüttig gehenden Schiff nicht bedurft hätte. Der Alte hatte nicht gesagt: „Wir haben *jetzt* eine gute Holer-Gang.“ Damit hätte er seinen Steuermann desavouiert. Also hatte der Kapitän hinter dem dunklen Bullauge seiner Kammer die Situation damals mitbekommen! Kein Wort weiter. Und Hein genoß den seltenen Beweis eines außerordentlichen Vertrauensverhältnisses zu diesem bemerkenswerten Seemann. Und nun mußte er doch drei Speichen Steuerbordruder geben! Der Kapitän und er würden über diesen Punkt schweigen. Beide wußten das und sonst keiner. – Dachten sie.

Sie hatten nicht mit der Sensibilität des Reepschieters gerechnet. Gleich Hein verstand jener diese Botschaft und die Schlußfolgerung sofort. Nur war es ihm anzumerken. Aber auf ihn achtete ja niemand. Sein innerer Aufruhr über dieses Ereignis und die Haltung der beiden von ihm so verehrten Männer verlangten nach körperlicher Bewegung. Es war auch Zeit, den nächsten Wachgänger zu wecken. Also verschwand er aus der Brücke, um nach vorn zu laufen. Ehe dies geschah, witterte er einen Duft, der ihn noch einmal nach achteraus gehen ließ. Vor dem Süll der kleinen Kombüse blieb er stehen und entbot dem Koch seinen Gruß. Seinen Blick fest auf eine schon gebratene Frikadelle gerichtet, die sich auf dem weiß gescheuerten Hackbrett präsentierte. Der gänzlich unbeeindruckte Koch erwiderte den Gruß, fragte nach dem Ziel der Segelei. „Fladengrund", sagte der Reepie zur Frikadelle, die ihrerseits auch nicht zu beeindrucken war. Wie's mit den Händen stünde, wollte der Koch wissen. Na ja, es gehe einigermaßen. Die Frikadelle nahm es gleichmütig auf und der Koch bot heißes Wasser zum Fingerbaden an. Nein, nein, er müsse nun nach vorn zum Wecken. Das überzeugte selbst die Frikadelle und begab sich zum Reepie, der sich nun trollte. Ein schöner Tag heute!

Der Koch lächelte in sich hinein. Hatte er doch die Frikadelle schon für den Jungen bereitgelegt gehabt.

In Gedanken verloren ging dieser nach vorn. Bei der Kap blieb er noch einmal stehen und atmete tief. Auf und ab stieg und senkte sich der Vordersteven. Die Seen rauschten mit grünlich-weißem Schaumstreifen vorbei. Im Mast knarrte es vertraut. Sein Blick ging über die klare Kimm hin. Hier war alles gut. Nie mehr würde er eine Zelle von innen sehen! Dann verschwand er unter Deck.

Beide Männer auf der Brücke sahen dem Jungen nach. Der Alte ließ sich zu einer weiteren wortreichen Äußerung hinreißen. Auf platt, denn es handelte sich nicht um eine Mitteilung wesentlichen Inhalts, sondern um eine Gewißheit: „Dat is wiß, de ward mol een *ganz* goden Fischermann!"

Hein nickte zustimmend. Indessen wunderte er sich über die Gangart des Jungen. Über Deck sollten sie flitzen und taten das gewöhnlich auch. Dieser hier hatte sich wie in Gedanken verloren bewegt. Was steckte dahinter? Als er Gewißheit hatte, übermannte ihn Rührung. Was brauchte es einen eigenen Sohn, wenn er an einem wie diesem seinen Anteil hatte!

# 9

Gute und leistungsfähige Besatzungen fallen nicht vom Himmel. Es ist nicht allein damit getan, daß ein Kapitän versucht, die besten Leute zu bekommen. Es muß zwischen den einzelnen Leuten auch einiges stimmen. Wenn dann eine gute Besatzung zusammengekommen ist, hat das Glück auch etwas mitgespielt. Auf der „Völklingen" hatte sich dieser Zustand nach dem Krieg nach und nach entwickelt. Daher gab es von Saison zu Saison keinen großen Wechsel in der Besatzung. Ein Kern blieb immer erhalten. Die ausscheidenden Matrosen wurden aus dem eigenen Nachwuchs ersetzt.

Den Unterschied zwischen einer zusammengewürfelten und einer gewachsenen, leistungsorientierten und erfahrenen Besatzung hatte Nils durch zwei Ereignisse demonstriert bekommen.

Auf der ersten Nachkriegsreise hatten sie einen Fang von über 500 Kantje am letzten Fischtag in den Netzen gehabt. Mit der damaligen Besatzung war es nicht möglich, diesen Fang richtig zu verarbeiten, obwohl die Wetterbedingungen gut waren. Der ganze Fang mußte ungeschlachtet, als „Storthering" (Begriff für Heringe, die ungeschlachtet verarbeitet werden), in die Fässer, und als das nicht mehr reichte, in den Krippen eingesalzen werden. Das war ein großer Qualitätsverlust, der in normalen Zeiten zu Einnahmeausfall und Verminderung der Fangprämie geführt hätte.

Während der letzten Saison hatte es einen ähnlich großen Fang gegeben. Die „Völklingen" hatte mit aufgekürzten Zeisingen und Brailtauen bei der Doggerbank in niedrigem Wasser ausgesetzt. Aufkürzen bedeutet, daß durch entsprechende Verkürzung beim Anknoten die Zeisinge und Brailtaue kürzer werden. Damit hängt das Netz nicht so tief im Wasser. Zu Beginn des Holens waren die ersten sechzig Netze fast leer. Der Wind war eingeschlafen, und eine Dünung gab es auch nicht mehr. Das Holen ging daher nicht so ganz flott, denn Wind und See konnte man sich beim Holen, wie bei jeder anderen schweren Arbeit an Bord auch, sehr nutzbar machen.

Die Mannschaft hatte sich schon auf einen freien Tag ohne das Verarbeiten von Hering eingestellt. Die wenigen Heringe an Deck würde der Koch für das Frühstück verbrauchen. Mit einem Schlag jedoch änderte sich die Situation. Statt der leeren Maschen zog man plötzlich einen dicken Teppich von Heringen über die Rolle von außenbords. Das Netz war entsetzlich schwer hereinzuholen. Das Hochreißen zum ersten Ausschlagen der Maschen wurde ein mühsames Anlüften, und beim Niederschlagen prasselte mehr als ein Zentner Heringe an Deck. Wegen der vielen Heringe, die nicht beim ersten Schlag herausfielen, mußte dieser Vorgang mehrfach wiederholt werden, ehe es ans neue Einholen ging. Das Hieven des Reeps mußte fast ganz eingestellt werden. Niemand hatte bisher eine so dichte Ansammlung von Heringen im Netz gesehen. Die Last wurde jetzt mit sieben Holern besetzt. Jede Hand war nun an Deck. Das Holen wurde zu einem mühsamen Reißen. Keine Unterstützung gab es von Wind und See. Die aufgehende Sonne schien auf eine bleierne Meeresoberfläche. Das Schiff lag reglos, der Reep zeigte steil nach unten, und die gesamte Fleet war unter Wasser verschwunden.

Als der Steuermann mit einem Matrosen in der irrigen Hoffnung, daß es noch einmal einen Windhauch geben könne, achtern die Besan durchsetzte, sahen die beiden unten im klaren Meerwasser einige weiße Blasen und ganz tief unten meinten sie das Schimmern des Heringsteppichs zu sehen. Die Netze mußten also vom Grund her Zentimeter um Zentimeter herausgerissen werden.

Das dauerte Stunden, die nicht zu Ende gehen wollten. Als alle Krippen und die Raumfächer mit Hering gefüllt waren, wurde der Reep ausgesteckt und „festgemacht". Die total erschöpfte Mannschaft ging frühstücken. Das verlief fast schweigend. Jeder der Männer wußte, daß jetzt eine weitere Tortur bevorstand. Fässer und Salz aufholen und das Deck zur Verarbeitung von fast 200 Kantje vorbereiten. Anschließend mußte man mit mindestens sieben Stunden ununterbrochenen Schlachtens rechnen. Es wurden dann acht Stunden, weil der laichreife Hering in den Räumen schon an Frische verloren hatte. Auch Hein als Wantenehmer konnte die total erschöpften und kreuzlahmen Schlachter am Ende nicht mehr zu schnellerem Tempo motivieren. Dann Deckwaschen, Essen und stundenlang Fässer dichtmachen und verstauen. Darüber war es später Abend geworden.

Dann wieder das mühsame und quälerische Holen, Stück um Stück. Die Heringe hatten den letzten Rest Luft aus den Schwimmblasen abgegeben, alles wurde noch schwerer und die Kräfte geringer. Der Segen des Meeres wurde fast zum Fluch. Die ruhige See war zum Feind geworden und versagte ihre Hilfe. Ehe man wegen Erschöpfung aufgab, wurde wieder angebunden, weil alle Fächer gefüllt waren. Und weitere zehn Netze waren noch draußen!

Nach dem Festmachen wurde, ohne das Deck vorzubereiten, gegessen. Im Vorschiff dachte jeder daran, daß es doch wohl unmöglich wäre, die Strapazen des langen Schlachtens nochmals durchzustehen. Nur Paul sprach es aus, bekam aber keine Antwort. Er war vom Meister als Spillöper abgelöst und damit auf die Keekplanke versetzt worden. Ihn hatte die ungewohnte Arbeit besonders mitgenommen.

Es kamen von achtern Schritte übers Deck. Nicht die des Steuermanns, der normalerweise, wenn es denn überhaupt notwendig war, zum „Törn-to"-Aussingen kam. Es herrschte eine gespannte Ruhe im Logis, der nächste Augenblick würde das Urteil bringen: störten (ungeschlachtet einsalzen) oder schlachten?

Es war die Stimme des Kapitäns, die man von oben durch die Kap vernahm: „Wöllt wi störten oder schlachten?" Kein Laut im Logis! Das kam unerwartet. Statt eines Befehls diese Anfrage an die Besatzung.

Der einzige, der auf Anweisung das Schlachten begrüßt hätte, war wohl August. Bedeutete es doch mehr Geld. Hätte Paul antworten dürfen, es hätte „störten" bedeutet. Aber diese Frage hier zielte auf die Ehre der Besatzung. Nach kurzer Pause kam von Hein mit fester Stimme: „Schlachten!" Niemand wußte, wie diese Strapaze durchzuhalten wäre, aber man schleppte sich an Deck.

Diesmal war die Vorbereitung nicht Sache der Junggrade. Hier gab es nur noch gemeinsames Handeln und Leiden. Für jeden brach eine bisher nie erlebte Qual an. Hatte man sonst beim Schlachten eines großen Fanges gesungen, so wurde dieses hier ein dumpfes Keeken gegen eine nicht enden wollende Masse von Heringen. Da das Schlachttempo bald nachließ, konnten die Achtergäste nebenbei schon mit dem Fässerdichtmachen beginnen.

Hein steckte den erschöpften, über und über mit Gälle beklebten Schlachtern mehrmals angerauchte Zigaretten zwischen die Lippen. Als man es endlich geschafft hatte, brach eine Art Euphorie aus. Sie hatten bis jetzt in einem Zug in 34 Stunden 390 Kantje verarbeitet! Niemand konnte von ähnlicher Leistung berichten. Doch es waren ja noch zehn Netze draußen. Das dämpfte diese Stimmung schnell. Wieder mußten die Fässer dichtgemacht und verstaut werden. Dann begann in bleierner Nachmittagshitze das dritte Holen. Nachdem fünf Netze mit noch 50 Kantje unter großer Anstrengung geholt worden waren, riß der Hering plötzlich ab. Die letzten fünf Netze wurden leer übergeholt.

Trotz der fast totalen Erschöpfung wurden die 50 Kantje auch noch geschlachtet und die Fässer an die Reling gestellt. Aber es durfte noch nicht geschlafen werden. Da sich die Netze wegen der vielen in ihnen verbliebenen Heringe im Netzraum erhitzten, mußte unbedingt ausgesetzt werden.

Bis dahin hatte kein anderer Logger den Ort der Heringsschlacht passiert. Was diese Leistung betraf, stand sie wohl ziemlich einzigartig da. Als alle Mann in den späten Abendstunden das Deck aufklarten, kam ein Vegesacker Logger von Backbord auf, und der Kapitän fragte den Alten, der sich über Radio nicht gemeldet hatte, nach dem Fang. Der erwiderte knapp und wahrheitsgemäß: „Veerhunnertveerundveertig Kantje." Der andere lachte, fuhr aber um die „Völklingen" herum und überzeugte sich, daß nur zirka 50 Kantje an Deck standen. 444 Kantje – die Crew, die so etwas schaffte, mußte noch geboren werden!

Die Besatzung der „Völklingen" feixte in sich hinein und war stolz auf ihre Leistung, die in weniger als zwei Tagen in ununterbrochener Schwerstarbeit vollbracht worden war. Anschließend fielen sie alle – der Kapitän hatte die Fleetwache übernommen – in einen todähnlichen fünfstündigen Schlaf, aus dem besonders die ganz jungen Leute kaum zu wecken waren, als es ans Holen ging.

# 10

Die Männer auf den Loggern hatten in der Regel nur mit Heringen zu tun. Zu Beginn der Saison in der nördlichen Nordsee traf man zwei unterschiedliche Sorten an:

Die einen kamen von einer augenscheinlich langen Reise, über die – wenigstens zu jener Zeit – große Unklarheit herrschte. Sie waren völlig abgemagert und bestanden nur aus Kopf, Rücken und einer leeren Bauchhöhle. Sie wurden „Ihle" genannt. Für die Besatzung waren sie eine Plage. Wegen ihrer mageren Beschaffenheit hatten sie sich in den Maschen bis hinter die Kiemen verhakt. Es bedurfte einer großen Kraftanstrengung, sie beim Holen aus den Maschen herauszuschlagen. Selbst nach einem mäßigen Fang waren die Matrosen am Ende des Hols fix und fertig. Die Arme hingen ihnen wie Blei am Körper. Das Keeken dieser garstigen Gesellen war eine weitere Qual. Weil sie so zäh und mager waren, zerstachen sie mit ihren heraustretenden Bauchgräten die Hände. Vor allem auch deswegen, weil die Entfernung der Gälle sehr viel mehr Kraftaufwand als üblich erforderte.

Die Geschäftsleitung liebte die Ihlen auch nicht – also nur ganz geringe Packzahlen und damit stark reduzierte Fangprämie für die mit so viel Aufwand und Qualen gefangenen Heringe.

Um so angenehmer waren die der anderen Sorte. Gut entwickelt, breiter Rücken, hoher Fettgehalt und fester Ansatz von sich entwickelndem Rogen oder Milch. Diese Sorte war geeignet, zu Matjes verarbeitet zu werden. Sie wurden weniger stark gesalzen und die Fässer entsprechend markiert.

Jene Heringe mußten sehr vorsichtig eingeholt werden, da sie sich sehr leicht aus den Maschen schlagen ließen und somit oft schon außenbords ins Wasser fielen. Um diese sehr wertvollen Fische doch noch zu bekommen, hatte man eine Art „Hamen" (reusenartiges Netz mit quadratischer Öffnung) konstruiert, der Achterkante der Last außenbords angebracht wurde. Eine geringe Menge der vorzeitig befreiten Heringe konnte damit noch wieder eingefangen werden. Der größte Teil von ihnen geriet jedoch an andere Fischer, von denen gleich noch die Rede sein wird. Bei die-

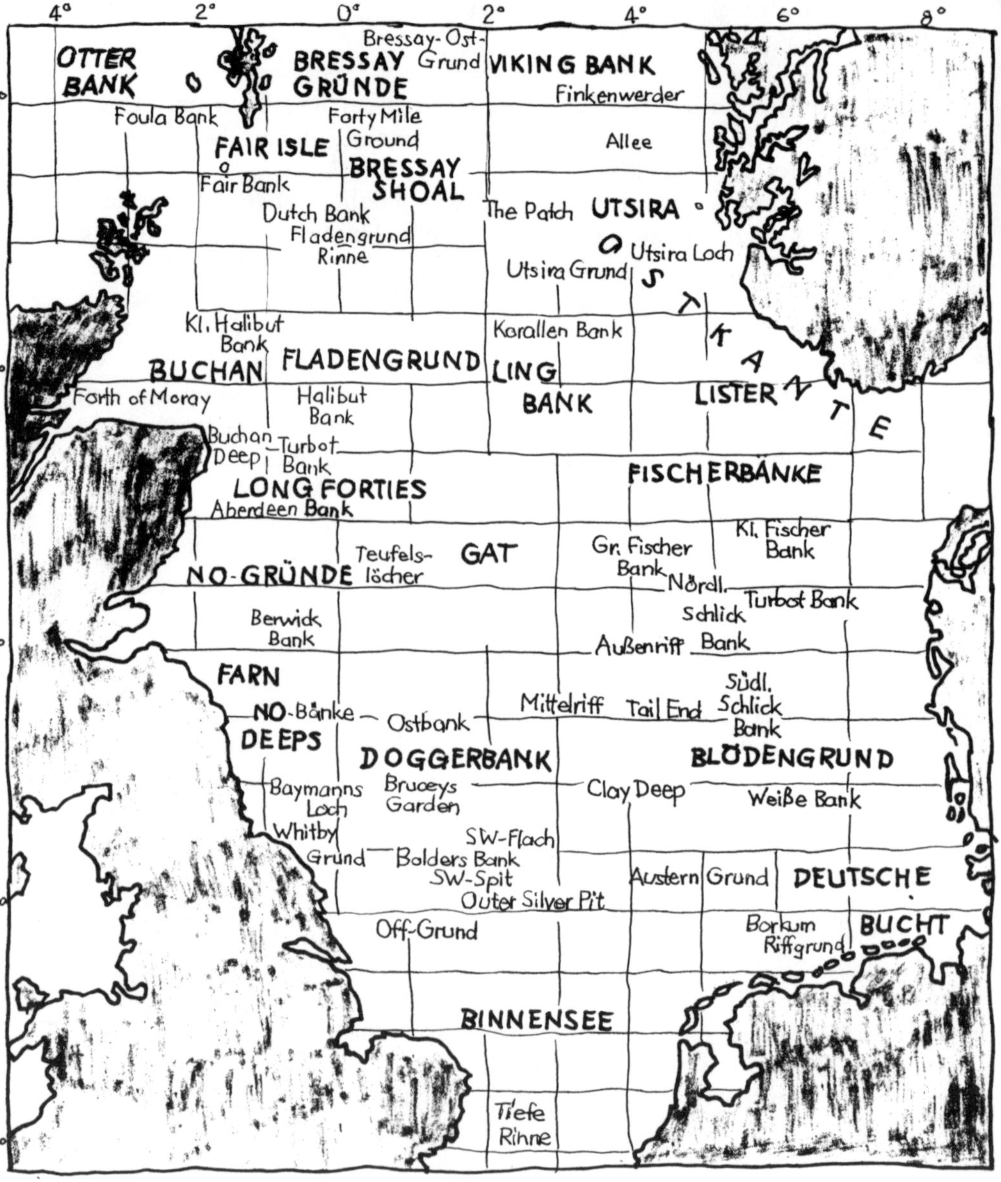
4°
2°
0°
2°
4°
6°
8°
60°
58°
56°
54°
52°
OTTER BANK
Bressay-Ost-Grund
BRESSAY GRÜNDE
VIKING BANK
Finkenwerder
Foula Bank
Forty Mile Ground
FAIR ISLE
Allee
Fair Bank
BRESSAY SHOAL
Dutch Bank
The Patch
UTSIRA
Fladengrund Rinne
Utsira Loch
Utsira Grund
Kl. Halibut Bank
Korallen Bank
BUCHAN
FLADENGRUND
LING BANK
LISTER
Forth of Moray
Halibut Bank
SKAGERRAKKANTE
Buchan Deep
Turbot Bank
LONG FORTIES
FISCHERBÄNKE
Aberdeen Bank
Teufels-löcher
GAT
Gr. Fischer Bank
Kl. Fischer Bank
NO-GRÜNDE
Nördl. Schlick Bank
Turbot Bank
Berwick Bank
Außenriff
FARN
Südl. Schlick Bank
NO-Bänke
Ostbank
Mittelriff
Tail End
DEEPS
DOGGERBANK
BLÖDENGRUND
Baymanns Loch
Bruceys Garden
Clay Deep
Weiße Bank
Whitby Grund
SW-Flach
Bolders Bank
SW-Spit
Austern Grund
DEUTSCHE BUCHT
Outer Silver Pit
Off-Grund
Borkum Riffgrund
BINNENSEE
Tiefe Rinne

sen beiden Heringssorten kam es nicht zur Vermischung der Schwärme. Entweder man fing die einen oder die anderen. Wohl der Besatzung, die den Kapitän mit dem richtigen Riecher für die gewünschte Sorte hatte!

Der Zug der Schwärme ging übrigens während einer Nacht immer in die gleiche Richtung. Das war daran zu sehen, daß man beim Holen die Heringe entweder alle „von unten" oder „von oben" hatte, wenn man die Netze über die Last zog. Leider konnte man nicht die Seite des Holens wechseln, über die man die Netze einholte. Diese war nämlich vorgegeben durch den „Windverlauf". Die holenden Fischer hätten die Heringe nämlich immer gerne „von unten" gehabt. Dann wäre das Ausschlagen der Netze weniger anstrengend gewesen.

Im weiteren Verlauf der Saison, deren Fangplätze sich immer weiter nach Süden verlagerten, fing man immer mehr „Vollheringe", bis sie schließlich „vollreif" wurden. Dieses war um die Doggerbank herum im Spätsommer der Fall. Die Schlachter waren dann über und über mit Milch und Rogen bedeckt, weil diese Heringe, kurz vor der Ablaichung stehend, sie geradezu bespritzten.

Es kam selten vor, daß man diese Heringe unmittelbar nach dem Ablaichen als Ihle fing. Dafür gab es anschließend in der „Binnensee" (Fanggebiet in der Nähe der englischen Südostküste, bei Smith's-Knoll-Feuerschiff) zum Herbst eine neue Sorte. Fast so ähnlich wie die Matjes in der nördlichen Nordsee, nur etwas kleiner. Diese Sorte wurde Anfang Dezember auch noch im englischen Kanal gefangen. Eine Vorstellung übrigens, die dem heutigen Containerschiffskapitän einen Horror bereiten würde. Eine Flotte von ungefähr 60 bis 80 Treibnetzloggern aus Deutschland und Holland mit ihren Netzen in diesem vielbefahrenen Gebiet, denen er auch noch auszuweichen hätte! Aber gleich nach dem Krieg war das noch möglich, wenn auch nicht ohne gelegentliche Komplikationen.

Die Fischer bekamen aber auch noch mit anderer Beute zu tun, die in den Treibnetzen gelegentlich gefangen wurden.

Da waren erstens die Makrelen. Zur Verarbeitung konnten sie nicht genommen werden, weil keine Kühlung zur Verfügung stand. Die Menge war auch zu gering. Sie wurden gern zur Abwechslung gebraten zum Frühstück gegessen. Die größeren Makrelen verfingen sich nicht in den Treibnetzmaschen. Aber gelegentlich gelang es jemand, ein größeres Exemplar in der Freizeit an die Angel zu bekommen. Um daraus ein einzigartiges Festmahl zu machen, bedurfte es neben der Kunst der Zubereitung auch noch eines guten Verhandlungsgeschicks. War das persönliche Verhältnis zum Koch gestört, konnte man die Aussicht auf das Festmahl vergessen. Um gewisse Ingredienzen zu bekommen, näherte man sich dem Koch vertrauensvoll, spielte auf das gegenseitig gute Verhältnis an und gelangte dann endlich an geräucherten Speck, Pfefferkörner und einige andere Gewürze und Kräuter. Als Junggrad oder junger Matrose zog auch die Masche, sich vom anerkannten Fachmann beraten zu lassen und aufgrund der dann befriedigten Eitelkeit diese Dinge zu bekommen. Es konnte aber auch vorkommen, daß der Koch, den Braten riechend, direkt wurde: „Red nicht so ein Blech! Sag doch, daß du eine Makrele backen willst!"

Die Makrele wurde sofort ausgenommen und die Kiemen entfernt. In die leere Bauchhöhle kamen die ergatterten Zutaten. Um diese herum wurden die Bauchlappen gewickelt und der ganze Fisch in Wachspapier eingepackt. Dieses Paket wurde wiederum in sehr viele einzelne Zeitungsseiten eingewickelt. Dann kam man zum Meister oder Assi in den Maschinenraum. Das dicke Bündel wurde unter die Roste des Donkey-Feuers in den Aschfall gelegt. Dort verwandelten sich die Lagen des Zeitungspapiers bei gleichmäßig starker Hitze in eine Art Holzkohle.

Nach einer Stunde wurde das Paket wieder herausgeholt. Das verkohlte Papier wurde aufgebrochen. Nach dem Öffnen des unversehrten Wachspapiers, das die Haut der Makrele mit ablöste, lag ein wunderbares weißes Fleisch vor dem Genießer. Durch die gleichmäßige Hitze war das Fleisch von Räucherspeck, Gewürzen und Kräutern völlig durchzogen. Ein Geschmackserlebnis höchster Güte, an Land in keiner Weise nachzuvollziehen. Das erfreute nicht nur den Gaumen des Fischermanns.

Weitere Opfer des Treibnetzes waren die Heringshaie. Bei ihrem Versuch, die in den Netzmaschen zappelnden Heringe zu fangen, berührte ihre rauhe Haut oft die feinen Maschen. Ihre Flossen rissen Löcher in das Want, aus dem sie sich mittels mehrerer Drehungen zu befreien suchten. Dabei wickelten sie sich so ein, daß sie ihre Kiemen nicht mehr bewegen konnten und elend erstickten. Es gab Burschen von mehr als zweieinhalb Metern Länge unter ihnen. Das Anbordholen dieser Brocken und das Auswickeln machten sehr viel Arbeit. Außerdem war immer das Netz stark beschädigt. Der übliche Haß des Seemanns auf den Hai war bei den Loggerfischern hierdurch noch mehr ausgeprägt. Gleich nach dem Krieg kam es vor, daß bis zu zehn solcher Haie während eines Hols in den Maschen waren. Diese Zahl verringerte sich in den nächsten fünf Jahren so sehr, daß nach dieser Zeit kaum noch Haie im Netz vorkamen.

Ihre kleinen Verwandten, die Spear-Haie, waren gleichermaßen unbeliebt. Sie bissen große Stücke aus den im Netz hängenden Heringen, die deswegen in großen Mengen weggeworfen werden mußten. Diese Haie wurden nur bis zu 50 Zentimeter lang. Hatten sie sich in den Maschen verfangen, wurden sie voller Wut totgeschlagen und außenbords geworfen. Obwohl an Land als Speisefisch begehrt (Schillerlocken), lehnte jeder Heringsfischer es ab, sie dieser Ehre teilhaftig werden zu lassen.

Großes Mitleid fühlte hingegen jeder, wenn sich ein Schweinsfisch, ein kleiner Vertreter der Delphine, verhakt hatte. Da diese Tiere zum Atmen an die Oberfläche mußten, erstickten sie erbärmlich. Die meisten Fischer lehnten es ab, Fleisch von diesem Fisch zu essen. Das Schlachten eines Warmblüters bereitete ihnen ohnehin großes Unbehagen.

Als wahrhaftiger Fürst des Meeres wurde der Thunfisch angesehen. Ebenfalls besonders kurz nach dem Krieg wurde dieser kapitale Fisch häufig angetroffen. Seine Länge betrug bis zu drei Metern. Offenbar war er zu vorsichtig, um sich im Treibnetz zu verfangen. Er bevorzugte Heringe, die beim Holen ins Wasser zurückfielen. Ehe dieser Hering im Hamen verschwand, holte er sich den mit beeindruckender Manier. Stets schoß er dazu von der anderen Seite unter dem Schiff hindurch und schnappte sich seine Beute, ohne das Treibnetz oder den Hamen zu berühren. Dabei wühlte sein stahlblitzender Körper einen Wasserberg auf wie eine explodierende kleine Wasserbombe. Ein gewaltiges Schauspiel! Waren Makrelen bei dem Fang, dann nahm er nur diese als Beute.

Im gleichen Maße, wie jeder diese kraftvollen göttlichen Kolosse bewunderte, so reizten sie auch das in jedem Menschen lauernde Jagdfieber aufs äußerste. Es gab für den Fang zwei Methoden: Das Gerät der einen war ein schwerer Haken, geformt wie ein riesiger, scharfer Bootshaken. Der wurde locker auf einen Holzstiel aufgesteckt. Der Haken war mit der Lotleine verbunden. Während nun Heringe oder Makrelen als Köder ausgeworfen wurden, hielt ein kräftiger Mann den Haken außenbords. Kam der Thunfisch unter dem Schiff hervor, ließ der Mann den Haken fallen, damit er sich im Rücken des Fisches eingraben sollte.

Nils hatte nie erlebt, daß diese Methode Erfolg hatte. Später erblickte er jedoch Thunfische, die entsetzliche Narben auf dem Rücken hatten. Seitdem beteiligte er sich nicht mehr an dieser Art des Fischens und konnte die meisten seiner Gefährten von dieser Nutzlosigkeit und Grausamkeit überzeugen.

Die andere Art war das Fischen mit einem starken Angelhaken, auf dem als Köder eine schöne Makrele befestigt wurde. Waren keine Makrelen vorhanden, nahm man Heringe. Der Haken wiederum war mit der Lotleine verbunden und wurde wie eine Angel außenbords gehalten. Zu der im Wasser hängenden Makrele wurden weitere als Lockspeise außenbords geworfen. Auf die oben beschriebene Weise holte sich dann der schlaue Kerl alle Lockfische und ließ den Fisch an der Angel einsam zurück.

Das konnte Tage so gehen. Die Fischer ließen nicht locker, auch der Thunfisch nicht. Bei jeder Anwesenheit eines oder mehrerer Thunfische wurde weitergemacht. Und dennoch klappte es unter Umständen die ganze Reise nicht. Dann ging es auf der nächsten Reise weiter. Auch unter Mißachtung von Schlafbedürfnis, was vom Kapitän mit gemischten Gefühlen betrachtet wurde. Für einen etwaigen großen Fang fürchtete er um die volle Einsatzkraft.

Irgendwann jagte die Leine plötzlich los. Der Thunfisch hatte angebissen. Jetzt mußte der Haken halten! Im ersten Ansturm raste der Fisch mit der Lotleine und zwei daran befestigten Netzblasen wohl hundert Meter davon, wobei die großen Blasen völlig unter Wasser gezogen wurden. Eine Wahnsinnskraft mußte dazu aufgebracht werden! Den ersten Grad der Erschöpfung zeigten das langsamere Auslaufen der Lotleine und das Auftauchen der Blasen an. Die Leine wurde vorsichtig eingehievt, mußte jedoch beim nächsten Fluchtversuch sofort wieder losgeworfen werden. Die Flucht begann aufs neue. Man bekam den Fisch erst nach Ablauf einer halben Stunde längsseits. Dann wurde mit großer Mühe die Schwanzflosse mittels einer Seilschlinge abgefangen und der Fisch an Deck gehievt. Mühsam mußte das starke Tier von allen Beteiligten überwältigt und festgehalten werden, damit es mittels des Kochsbeils getötet und aufgeschlitzt werden konnte. Ein entwürdigendes Ende für so ein majestätisches Tier! Das fand Nils und mit ihm die meisten seiner Kameraden.

Das Fleisch war aber sehr schmackhaft und reichte für mehrere Mahlzeiten. Der Rest wurde gepökelt und in einem Windsack in den Mast gehängt. Dieses wurde später wie roher Schinken gegessen.

Gelegentlich wurde beim Holen längsseits und an der Fleet die beunruhigende, steile Flosse des Schwertfisches bemerkt. Was trieb dieses große Tier, das langsam und bedrohlich Schiff und Fleet umkreiste? Düster wurde von abgetrenntem Want und sonstigen Zerstörungen gemunkelt, die dieses gewaltige Tier mit seiner scharfen Rückenflosse bewirkt habe.

Manchmal gab es an nebligen Herbsttagen Besuch von der traurigen Art. Im wattigen Nebel ließen sich nach und nach kleine und große Zugvögel auf dem Schiff nieder. Rahen, Segel, Relings und sonstige Plätze waren von total erschöpften Sängern und auch anderen Vögeln besetzt. Völlig apathisch saßen sie und flogen nicht auf, wenn sich der Mensch ihnen näherte. Auch ein Turmfalke unter ihnen war nicht zu bewegen, Futter oder Wasser aufzunehmen, das von der Besatzung überall aufgestellt wurde.

Viele der Vögel fielen später einfach tot von ihrem Sitzplatz. Einige wenige machten sich nach der Auflösung des Nebels wieder auf den Weg. Ob sie ihn geschafft haben?

Der Loggermatrose litt mit der stummen Schar. Hatten sie wohl doch ihren Kompaß verloren?

Wenn bei dunkler Nacht das Holen begann, dann erschien das Schiff wie eine scharf begrenzte Lichtquelle. Aus dem Dunkel tauchten nach und nach lautlose flatternde Schemen auf und kehrten geheimnisvoll wieder ins Dunkel zurück. Es waren Abgesandte von des Fischers treuesten Begleitern, den Möwen. Ihre stumme Zurückhaltung änderte sich, wenn die ersten Heringe in den Netzen erschienen. Auf rätselhafte Weise vermehrte sich dann ihre Zahl und wurde zu einer lärmenden Masse Hunderter von Möwen. Um jeden abtreibenden Hering entwickelte sich ein wüster Kampf, denn Lach-, Silber- und Sturmmöwen sind nicht in der Lage, einen ganzen Hering zu verschlingen.

Das kann jedoch der König unter ihnen. Von den Fischern wurde er „Jan von Gent" genannt. Erhaben umkreise er in größerer Höhe mit majestätischer Spannweite das lärmende Volk seiner Verwandten. Entdeckte er eine schon tiefer abgesackte Beute, kippte er mit markigem, durchdringendem Schrei ab. Dabei faltete er seine Flügel nach und nach, bis er an der Wasseroberfläche pfeilartig in die See eintauchte, den Hering auch noch in mehreren Metern Tiefe erreichte und mit ihm im Schnabel wieder auftauchte. Im Schwimmen verschwand der Fang im langen Hals, wobei man den Weg der Beute genau verfolgen konnte. Darauf schwang er sich zum erneuten Kreisen und Beutemachen wieder in die Luft. Das setzte sich so lange fort, bis ihm ein Start wegen der großen Nutzlast nicht mehr gelang.

Die übrigen Möwen hatten ihr wahres Schlemmermahl noch vor sich. Hier beim Holen kamen sie bei dem wütenden Streit um jeden Hering unter großer Mühe nur zu winzigen Bissen.

Hinter jedem treibenden Logger dümpelte und kreiste immer eine Art Stallwache der Möwen, die sich unauffällig verhielt. War jedoch das Schlachten beendet und die Leute erhoben sich von der Keekplanke, dann schwangen sich die Möwen in die Luft, gaben damit das Signal über die weite See. In kürzester Zeit lärmten Hunderte von Möwen über dem Schiff, verlangten ohrenbetäubend, daß die Speigatts geöffnet würden, damit die Berge von Gälle endlich in die See fallen sollten. Wenn das geschah, gab es kein Halten mehr. Diese Beute war für die kleineren Möwenarten mundgerecht portioniert und wurde vollständig verputzt. Kaum war das Deck gespült, war die gewaltige Schar verschwunden und nur die Stallwache achteraus dümpelnd zurückgeblieben.

Eines Tages hatten einige Matrosen Nils und den anderen Junggraden ein schändliches Spiel angeschwatzt. Sie steckten Holzspieße in beschädigte Heringe und warfen diese dann außenbords. Als „Jan von Gent“ dann mit steifem Hals davonflog, amüsierten sie sich sehr.

Über Jungs und Matrosen brach eine Zurechtweisung vom wütenden Kapitän herein, die jedes gekannte Maß überschritt. Als Nils später nochmals vom Kapitän unter vier Augen dafür abgemahnt wurde, wäre er fast vor Scham vergangen. Eine Tracht Prügel hätte er lieber weggesteckt als diesen berechtigten Vorwurf.

Gelegentlich bot die Natur dem mitfühlenden Fischer Eindrücke von überwältigender Schönheit. Nils sollte sich besonders ein Eindruck einer solchen Situation für immer einprägen.

Es war beim Einholen des letzten Netzes eines Hols bei schönem Wetter und langer Dünung. Das Dampfspill holte das lose Ende des Reeps klappernd und ratternd ein. Seines Fixpunktes beraubt, torkelte der Logger in der alten Dünung. Der Lärm der Möwen, die augenscheinlich um die letzte Chance wußten, war ohrenbetäubend. „Jan von Gent“ kippte ab mit trompetenhaftem Schrei und verschwand als stahlblitzender Pfeil in der See. Der fürstliche Thun tauchte metallisch-schillernd und mit wüstem Schwall unter dem Schiff hindurch. Die Morgensonne überschüttete die beeindrukkende Szene mit Kaskaden von blitzenden Lichtstrahlen, die durch die bewegte Oberfläche des Meeres vieltausendfach reflektiert wurden. Das Ganze wirkte wie ein Tutti eines gewaltigen Orchesters der Schöpfung.

Nils stand entrückt vor diesem grandiosen Schauspiel, fühlte sich wie vom Schöpfer berührt, und seine junge Seele öffnete sich weit.

# 11

Das Aussetzen an jenem schönen Vorsommerabend rief eine ganz besondere Stimmung hervor. Dazu kam noch, daß es vielleicht der letzte Hol der Reise werden würde.

Hermann ganz vorn an der Talje des Vorderruders hat bei dem gleichmäßigen Tempo der Männer, die auf dem Schott die Netze außenbords werfen, keine große Mühe, eine schöne grade Fleet zu legen. Der Assistent sorgt durch gleichmäßiges Aufwerfen von Kohle unter dem Donkey für eine ständige kleine Rauchfahne, die Hermann eine Orientierung gibt. Die üblichen Hinweise des Kapitäns bleiben heute daher fast ganz aus.

Am auslaufenden Reep bilden der Steuermann und der Oudste Pia ein stummes, eingespieltes Team. Neben dem Steuermann steht Hein, der normalerweise für Unterhaltung sorgt, indem er immer wieder versucht, Roberts Organisation des Blasennachschubs zu verbessern und ihm dazu die nötigen Hinweise, meist in launiger Form, gibt. Hein, der große Namensgeber, hatte Robert den Spitznamen Blücher verpaßt, obwohl kein Zusammenhang mit dem Marschall erkennbar war. Außer dem Kapitän nannte ihn fortan jeder so. Blücher war auch beim Schlachten Partner von Hein auf der Last. Anstelle eines Oudsten war er dort der Abholer, weil er wegen seiner Unbeholfenheit kein gute Schlachter zu werden versprach. Hier beim Aussetzen hat er nicht nur dafür zu sorgen, daß stets Blasen für Hein bereitstehen. Er ist verantwortlich dafür, daß dieser Bereich des Decks übersichtlich bleibt. Alles unter dem Gesichtspunkt der Sicherheit. Dazu hat er dafür zu sorgen, daß für den Fall einer Störung das Kapbeil und der „Sweep" bereitliegen. Den Sweep, ein breit geflochtenes Stoppertau, das am Fuß des Großmasts befestigt ist, hat Hein anfangs der ersten Reise im Beisein Blüchers geflochten. Immer wieder hat er ihm vorgeführt, auf welche Weise mit dem Sweep der laufende Reep abgestoppt werden kann. Aber auch Hein ist heute einsilbig. Blücher, der an Heins Hinweise gewöhnt ist, kann sich nicht so recht damit abfinden. Sein schlichtes Gemüt empfindet dies als Störung der gewohnten Ordnung. Er hat kein Gefühl für die besondere Stimmung dieses sonnigen Nachmittags, die fast alle anderen verspüren. Trotz ihrer Arbeit fühlen sie sich seltsam eingelullt, und es fehlen auch auf der Last die hin und her fliegenden Worte oder Satzfetzen, die sonst den Hintergrund dieses Vorgangs untermalen.

Der kleine Afhauer Ludwig, der auf Zuruf das Dampfventil am Spill, das über einen langen Treibriemen die Aufholerrolle an der Netzluke antreibt, bedienen muß, kämpft mit dem Schlaf. Dies ist der beste Job von allen, die er zu erledigen hat. Regeln kann er im Halbschlaf, und hier kann er nicht hin und her gescheucht werden. Von beiden Jungen war er der Jüngere und Kleinere, fast noch ein Kind. Er hatte nicht den ausgeprägten Eifer des Reepschieters zum Lernen, aber doch den Willen zu bestehen. Alles an ihm war zu groß: das Ölzeug, der „Südwester“, das „Fell“ (Schürze), die „Mauen“ (Schutzärmel) und erst die Seestiefel! Sie schienen ihn eher über Deck zu bringen als er sie. Dazu trug er eine Art Ballonmütze, unter der er beinahe zu verschwinden drohte. Nach jedem Aussetzen mußte er in den Steven gehen, besagte Mütze absetzen und folgendes Gebet aufsagen:

Geschoten de Fleet,
Gott segen de Arbeit,
Schipzeising hol fast!
Morgen tein Last!

Damit Gott dieses Gebet erhört, wird wohl der unschuldige Knabe vorgeschickt.

Das Gebet spricht für sich selbst. Eine Last bezeichnet die Menge der Heringe, die ausreicht, um siebzehn Kantje zu ergeben. Also Gott möge neben anderen doch bitte für einen guten Fang sorgen. Es wird ja viel gebetet auf der Welt. Aber es wird wohl wenige Gebete geben, die so ernst gemeint sind, wie dieses gesprochen wird. Der Vortrag durch den jungen Burschen gab diesem Gebet noch eine zusätzliche, anrührende Note. Die rauhen Fischerleute konnten sich seiner Wirkung nicht entziehen. Man sage nicht, daß sie kein Verhältnis zu Gott hätten! Die Mehrheit hoffte und glaubte, daß Fischerleute nach ihrem Tode direkt in den Himmel kämen. Der Quälerei wegen, die sie schon auf Erden so reichlich gehabt hätten.

Jetzt wäre es bald wieder soweit, daß das Gebet gesprochen würde. Doch plötzlich ein heller, ängstlicher Schrei aus dem Reepraum: *„Kinken!"*

Wie ein Blitz hatte Hein den Sweep um den Reep geschlungen und zutschend (nach und nach) abgestoppt. Gleichzeitig hatte der Kapitän die Maschine gestoppt. Ehe er sich versah, hatte der verdutzte Steuermann das Sweepende in der Hand, während Hein mit einem gewaltigen Satz in der Reepraumluke verschwand.

Was war geschehen? Jan, der Reepschieter, hatte noch versucht, eine unterschneidende Reepbucht zurückzuziehen. Eine beschädigte und noch nicht reparierte Markierung hatte das Unterschneiden bewirkt. Fast wäre der Reepie bei dem Versuch in die sich zusammenziehenden Buchten geraten und damit unter Umständen mit diesem Gewirr an Deck und außenbords gegangen. Sein unverzüglicher Warnruf und Heins blitzschnelle Reaktion hatten dies verhindert.

Der Reepschieter hatte inzwischen erkannt, daß er das Chaos nicht entwirren könne. Nun hockte er in der sicheren Ecke, darauf wartend, daß der Steuermann mit einem Riesendonnerwetter über ihn herfallen würde. Statt dessen verfinsterte sich die Luke, als der Wantenehmer herunterfiel. Das erleichterte ihn keineswegs, denn Hein war der letzte, dem er nach seinem schlimmen Versagen unter die Augen kommen mochte. Nun trafen sich ihre Blicke im Halbdunkel. Der Reepschieter konnte diesen Blick nicht deuten, aber gewiß war nichts Gutes zu erwarten. Es fiel kein Wort zwischen den beiden. Hein verlangte Lose von Deck, besah sich die Bescherung, reichte lose Buchten mal an Deck, mal zum Reepschieter zum Festhalten. Ein furchtbares Gefühl der Hilflosigkeit befiel diesen. Er konnte nur versuchen, alles festzuhalten, was Hein ihm zureichte. An Deck schimpfte der Steuermann, der jedoch nicht in den Reepraum gelangen konnte, da Hein Bucht um Bucht herausgab. Dann gingen wechselweise Buchten wieder zurück, und es zeigte sich, daß das vermeintlich unentwirrbare Knäuel so sortiert werden konnte, daß es das weitere Aussetzen erlaubte. Wenn auch das Ganze nicht so einfach und schnell geschah, wie es hier geschildert wird.

Als die letzte lose Bucht den Reepraum verließ, verschwand auch der Wantenehmer wieder aus dem Reepraum, indem ihn ein Matrose hinaufzog. Während des ganzen Vorgangs hatte es keinen Blick und kein Wort mehr für den Reepschieter gegeben.

Er blieb vernichtet im Reepraum zurück. Wie hatte er sich noch vor kurzem so sicher gefühlt und nun dieser Fehler! Warum mußte ihm das passieren? Jeder andere Reepschieter in der Flotte konnte seine Arbeit besser als er. Denn von einem ähnlichen Fall wie diesem hatte man in dieser und der letzten Saison nicht berichtet. Die Vorwürfe des Steuermanns und sogar die des Kapitäns würde er irgendwie ertragen können, auch die Frotzeleien der Matrosen und Junggrade. Aber wie sollte er Hein wieder unter die Augen treten? Er hatte mitbekommen, daß die Fleet durch sein Versagen eine große Schleife gebildet hatte, die das Holen später erschweren würde. Bei aller Wachsamkeit, die er nun dem Ausrauschen des Reeps widmete, ließen ihn die Gedanken an sein Versagen und dessen Folgen nicht in Ruhe.

Es kam so, wie er es sich vorgestellt hatte. Nach dem Gebet des Afhauers zog ihn der Steuermann persönlich aus dem Raum, beschimpfte ihn und machte ihn aufmerksam auf das, was alles hätte passieren können. Hier an Deck gab es jedoch keine Schläge, mit denen er im Reepraum fest gerechnet hätte. Fast trotzig hörte er sich alles an, schielte nach achtern zum Kapitän. Von dort kam aber nichts. Auch nicht von Hein, aber er vermied es, ihm unter die Augen zu kommen.

Als er sich jedoch, nachdem er sich die mehr oder weniger wohlwollenden Kommentare angehört hatte, in seinem dunklen Winkel für die Koje zurechtmachte, hoffte er aus Heins gewohnter Ecke wenigstens einen Blick zu erhaschen. Aber vergebens. Der einzige, der mit ihm zu fühlen schien, war der kleine Afhauer, der ihm verlegen einen verstohlenen, freundschaftlichen Knuff gab. Ein dankbares Gefühl für seinen Macker stieg in ihm auf. Aber das, wonach er sich jetzt sehnte, das bekam er nicht. Er war nicht einmal des Wantenehmers Beachtung wert!

Vom Alten war auch noch etwas zu erwarten. Der Kok-in-Ruum Nils hatte einmal eine Geschichte aus dem Jahr 1947 erzählt. Die „Völklingen“ hatte seinerzeit einen Dampflogger nach Lervik auf den Shetlands eingeschleppt. An dessen Kessel war ein Mannlochdeckel gerissen, der im Hafen repariert werden mußte. Nils fuhr damals mit einem guten Macker zusammen als Oudste. Beim Auslaufen war sein Macker verschwunden. Die Behörden ordneten an, daß das Schiff jeden zweiten Tag wiederkommen müßte, bis „Schönebeck", so hatte ihn Hein nach seinem Heimatort getauft, wieder aufgefunden worden sei. Zweimal hatten sie wieder einlaufen müssen, während die anderen Logger im Süden gute Fänge machten.

Bei der Gelegenheit lernte Nils die Bucht von Lervik kennen. Die englischen Jolldampfer fischten auch mit Treibnetzen, landeten ihren Fang jedoch jeden Morgen bei den verschiedenen Stationen an, die in der Bucht verteilt waren. Nils hatten die Frauen sehr beeindruckt. Diese schlachteten stehend an Tischen die frisch angelandeten Heringe. Die jüngeren von ihnen hatten gut zurechtgemachte Frisuren, die kokett unter kunstvoll geknoteten Kopftüchern hervorlugten. Außerdem waren sie stark geschminkt und hatten oft lässig die Zigarette im Mundwinkel hängen. Von dort aus abwärts begann das Pfui. Das war Nils aus eigener Anschauung bekannt. Aber nett anzusehen war es doch. Nils, der von dem Alten wegen seiner Englischkenntnisse mitgenommen worden war, bekam allerlei von den Damen zu hören. Erkenntnisse über den Verbleib von „Schönebeck" gab es jedoch nicht. Im Gegenteil, man machte ihm recht eindeutige Angebote, ebenfalls dortzubleiben. Nils war einigermaßen überrascht und verlegen. Er war solche Eindeutigkeiten nicht gewöhnt. Außerdem mußte er feststellen, daß zwischen seinem Schulenglisch und dieser Sprache ein großer Unterschied bestand.

In der Tat hatte „Schönebeck" Unterschlupf bei einer Schönen von der Heringsfront gefunden. Kurz vor Abfahrt nach dem zweiten Anlaufen brachte ihn die Polizei an Bord. Der damalige Steuermann wollte ihm gleich ans Fell. Das ließ der Alte nicht zu und beorderte ihn auf See in seine Kammer. Nach einer halben Stunde kam der ansonsten recht abgebrühte Bursche heulend aus der Kammer des Kapitäns. Nils hatte er versichert, nicht geschlagen worden zu sein. Aber welches Mittel der Alte angewandt hatte, war ihm nicht zu entlocken gewesen.

Ähnliches erwartete Jan, den Reepschieter, jetzt auch.

Seufzend und wie ein verwundetes Tier zog er sich in seine Höhle, so konnte man die enge Querkoje getrost bezeichnen, zurück. Obwohl er todmüde war, würde er nicht schlafen können. Seine Gedanken drehten sich immer wieder im Kreis, verbunden mit der Einsicht, daß es wohl nun nicht dazu reichen könne, ein richtiger Fischermann zu werden, zumal Hein ihm jetzt seine Gunst entzogen zu haben schien. Eine gütige Natur ließ unseren Jungen schließlich doch in tiefen Schlaf sinken.

Er wußte nicht, wovon er aufgewacht war. Nur ganz langsam hatte er die sanften Bewegungen des Schiffes gespürt. Die wohlige Wirkung des Schlafs klang noch in ihm nach. Die vor den Kojen hängenden Kleidungsstücke machten die langsamen Bewegungen des Schiffes, die durch eine leichte Dünung entstehen, mit. Mal schienen sie im Logis zu schweben, mal lagen sie an der Kojenwand. Und dieses alles sehr sachte und lautlos. Als er bemerkte, daß nur Heins Koje leer war, der also die Fleetwache hatte, die vorletzte vor dem Holen, kam ihm sein ganzes Elend wieder zum Bewußtsein. Er wachte sonst nie nachts von allein auf. Tat ihm schon recht, daß er nun bis zum Wecken mit seinen untröstlichen Gedanken allein war. Aber Hein mußte doch mit ihm reden! Ja, er verdiente Vorwürfe, aber daß er ihm dazu noch nicht einmal gut war! Er mußte versuchen, eine Konfrontation herbeizuführen. Unbewußt hatte er schon seine Beine aus der Koje geschwungen, zog Hose und Pullover über, angelte leise nach seinen Holzklinken (Pantinen mit Holzsohlen) und schlich auf Socken die Kap hinauf. Beim Großmast blieb er stehen und schlüpfte in die Holzklinken.

Es war eine mondhelle Nacht, das Schiff wiegte sich leise, das Knarren der Besegelung und die sonstigen Geräusche schienen nur gedämpft ans Ohr zu kommen. Nächte wie diese ließen ihn sonst tief durchatmen und in das Gefühl des Einsseins von See, Schiff und Mensch versinken. Aber jetzt hatte er nur Augen für die Brückenfenster. Und dort waren die Umrisse des Wantenehmers zu erkennen. Wie eine Statue wirkte der.

Was wollte er nun eigentlich? Zu Hein auf die Brücke zu gehen war undenkbar. Der Gedanke an Konfrontation hatte ihn zwar an Deck geführt, aber die Ausführung war eine andere Sache. Da er bisher keine Geräusche gemacht hatte, sollte Hein ihn wenigstens bemerken. Also ging er leise bis zur Last und von dort klappernd mit den Holzklinken zur Backbordreling. Das war schon auffallend genug. Denn das Geschäft dieser Art, das er jetzt vorgab tun zu müssen, wurde – wenn es denn je jemand nachts hochtrieb – vorne durch die große Klüse erledigt. Der Reepie machte seine Sache lange und gründlich. Ging zur Backskiste, holte klappernd die Schlagpütz (Eimer mit Leine zum Wasserschöpfen) hervor, schlug umständlich Wasser auf, spülte und staute die Pütz geräuschvoll wieder weg. Die Gestalt oben auf der Brücke hatte sich weder bewegt noch einen Laut von sich gegeben. Rätselhaft und unheimlich jetzt, wie ein steinerner Komtur. Und dabei war die gegenseitige Beachtung so stark gewesen, daß die Gedankenverbindung fast fühlbar gewesen war.

Tief bekümmert schlich sich der Reepie jetzt wieder nach vorne. Bevor er in der Kap verschwand, hatte er bei der Gestalt auf der Brücke ein Aufglühen wie von einer Pfeife, gesehen. Aber was nützte ihm das? Er war nicht beachtet worden. Und wieder erlöste ihn entgegen seiner Befürchtung der Schlaf.

Der nächtliche Showdown, denn so konnte man den Vorfall getrost nennen, hatte doch einen Zeugen gehabt. Die ungewohnte Bewegung an Deck hatte den Alten geweckt, dessen Kammer als einzige einen Blick durchs Bullauge an Deck zuließ. Ein kurzer Blick auf den herannahenden Reepie hatte ihn bewogen, leise von achtern auf die Brücke zu schleichen. Als er Hein dort sah, wurde ihm der Vorgang einigermaßen klar. Er durchschaute das rührende Spiel des Reepschieters und konnte sich die Gedanken und Absichten des Wantenehmers zusammenreimen. Er verschwand so leise, wie er gekommen war. Wäre er ein frommer Mann gewesen, hätte er Gott dafür gedankt, daß es solche Jungen und Männer gab. Vielleicht hat er es auf seine Art auch getan.

Treck an de Laatsches,
steck vör dat Fell
is Holemanns Hole,
verstoh ji mi well!

Diesen seltsamen internationalen Weckruf, der auf der ganzen Nordsee während der Saison jede Nacht um ein Uhr wohl mehr als hundertmal erscholl, kam diesmal von Paul, der nach Hein die letzte Wache gehabt hatte. Die Aussicht auf baldiges Eintauchen in weiche Betten hatte ihn erwartungsfroh gemacht.

Obwohl es vielleicht der letzte Hol der Reise sein würde, wenn der Fang ähnlich wie der der letzten Tage sein würde, konnte der Reepie darüber nicht glücklich sein. Sein ganzes Unglück überfiel ihn wieder, während er sich blitzschnell zurechtmachte. Da die Jungen den leeren Reep allein durchhieven mußten, standen die Matrosen erst auf, wenn das Spill anfing zu klappern. Aber was hätte es schon genützt? Hein hätte ihn doch nicht beachtet oder ihm gar ein Wort gegönnt. Warum hatte er ihn auch nicht auf die Brücke gerufen? Wie ein Göpelpferd drehte er nun schon zwei Stunden seine Runden im Reepraum. Das Hieven und Einholen der Netze ging schnell, also würde es heute nichts mit der Heimreise. Und ohne Unterlaß kreisten seine Gedanken um seinen verzweifelten Zustand.

Das einzige, das er nebenbei noch wahrnahm, war, wenn nach Ablösung des Freitörns ein anderer Matrose das Aussingen am Want übernahm.

Plötzlich verdunkelte sich das ohnehin spärlich beleuchtete Reepraumluk. Eine Stimme, ganz dicht bei ihm, sagte: „Na, Reepie, allens kloar?"

Es war Heins Stimme, ruhig und fest wie immer, keine Spur von Vorbehalt darin. Aber etwas anderes, das er sich nicht sofort erklären konnte und in ihm eine Gefühlsaufwallung hervorrief, die ihm unmöglich machte, richtig zu antworten, weil ihm etwas im Hals aufstieg. „Allens kloar – Hein!" würgte er hervor und riskierte einen Blick. Im Halbdunkel senkte sich der Blick des Älteren in den des Jungen. Wenn es irgendwann im Leben des Reepschieters einen Augenblick gab, den er nicht vergessen würde, dann war es dieser.

So schnell, wie Heins Schatten erschienen war, so schnell war er auch wieder verschwunden. Der Reepie schluchzte laut auf. Die Tränen machten ihn fast blind. Er hatte Mühe, den Reep richtig zu legen. Das Salzwasser des Reeps lief ihm in die Ärmel hinein, er merkte es nicht. Gut, daß ihn hier niemand sah. Hein hatte ihm verziehen! Er hatte sich platt an Deck gelegt, um ihm dieses mitzuteilen! Und er hatte ihm darüber hinaus bedeutet, daß auch einem guten Seemann mal ein Fehler unterlaufen könne. Eine unbeschreibliche innere Freude brauste in ihm auf, seine Welt kam wieder ins Lot. Am liebsten hätte er bis zum Ende des Holens laut gesungen, fand das aber zu auffällig. Statt dessen nahm er sich fest vor, noch aufmerksamer als bisher zu sein. Was ihn später an Deck noch bedrückte, als sie den kleinen Fang verarbeiteten, war die erwartete Einvernahme durch den Kapitän. Er konnte nicht ahnen, daß der die Angelegenheit in besten Händen wußte. Als er später in seiner Koje verschwand, fiel sein Blick noch einmal auf Hein. Der saß wie immer in seiner Ecke. Er strickte an einer Reuse. Er schaute zu dem Jungen hin, hob langsam die Hand mit der Netznadel, die nun wie ein Pfeil nach oben zeigte. Was immer die geheime Geste bedeutete, sie gab dem Reepschieter den Rest. Er glaubte vor lauter Glückseligkeit nicht einschlafen zu können. Dieses regelte, ebenso wie in seiner größten Verzweiflung, die gütige Natur, indem sie ihn auf einer Wolke des Glücks entschweben ließ.

# 12

Wie bei nur noch wenigen Menschen sind die Fischer mit allem, was sie tun, fast vollständig von den Naturgewalten abhängig. So bestimmt die Natur auch den Zeitpunkt ihrer Heimreise. Es kann vorkommen, daß diese wegen Proviant- oder Brennstoffmangels angetreten werden muß, obwohl noch lange nicht alle Fässer mit Heringen gefüllt sind. Ebenso kann die Besatzung überraschend die Heimreise antreten, weil die Natur ihnen plötzlich einen großen Fang beschert. Dabei kam es gelegentlich vor, daß der Fang derartig groß war, daß nur ein Teil der Heringe verarbeitet werden konnte. In einem solchen Fall wurden die Netze mit den überzähligen Heringen einem anderen Schiff derselben Gesellschaft überlassen. Dieses Schiff übergab dann dem heimkehrenden Logger die gleiche Anzahl leerer Netze. Dazu mußte regelrecht ausgesetzt, der Reep gekappt und dieses Fleetteil wieder geholt werden. Da das in der Regel bei Tage geschah, bestand nicht die Gefahr, daß der heimkehrende Logger plötzlich nochmals einen Fang machte.

Die „Völklingen" wurde eines Tages von einem Fang überrascht, der zur unerwartet schnellen Heimreise führen sollte. Der Kapitän hatte abends nur zögernd das Aussetzen angeordnet, der Wetterbericht ließ Windstärke 7 bis 8 aus Nordwest erwarten. Das entsprach ungefähr dem, was ein Holen mit einer gut eingespielten Besatzung noch gerade ermöglichte. Es war nicht so sehr die Gefährdung der Besatzung, die dabei entstand. Logger waren gute Seeschiffe, die so schnell kein Wasser an Deck nahmen. Die leichten Netze jedoch konnten bei starkem Wind und Seegang teilweise oder ganz zerstört werden. Nahm nachts der Wind beim Holen schnell zu, mußte man die bis dahin nicht geholten Netze außenbords lassen, ordentlich Reep ausstecken und festmachen. Das Schiff konnte dann den Sturm mit eventueller Unterstützung durch die ganz langsam drehende Maschine ziemlich gut ausreiten. Die Netze wurden dabei nicht beschädigt. Dafür jedoch vergammelten die Heringe in den Maschen, falls länger als zwei Tage nicht geholt werden konnte. Das Holen dieser Netze gestaltete sich dann sehr schwierig. Die halb verwesten Heringe ließen sich sehr schwer aus den Maschen schlagen, außerdem wurde dabei wieder einmal bestätigt, daß vergeblicher Aufwand wesentlich ermüdender wirkt als jener, der zum Erfolg führt. Für die unmittelbar am Erfolg beteiligten Fischer eine leider sehr oft bestätigte Tatsache.

Ob er aussetzen will oder nicht, hatte der Kapitän lange vorher abgewogen. Für die durch Aberglauben geprägte Handlungsweise vieler seiner Kollegen hatte er nichts übrig. Es gab tatsächlich unter ihnen einige, die sich vom Abzählen der Hosenknöpfe leiten ließen. Ihm bedeutete diese Handlungsweise eine – vielleicht durch die vielen Unwägbarkeiten verständliche – Kapitulation. Für ihn galten andere, selbstgesetzte Handlungskriterien. Seine ihm eigene Auffassung zum pflichtgemäßen Handeln ließ keine Nachlässigkeiten zu. Natürlich wußte er, daß die Natur eine Menge Unwägbarkeiten bereithielt. Aber gerade das verpflichtete ihn, jene soweit wie möglich einzugrenzen. Aus Respekt vor der See hatte er sich während seines langen Fischerlebens zur Pflicht gemacht, durch scharfe Beobachtung jene Gesetze herauszufinden, die für sein Handeln gültig sein konnten.

Gegenüber gewissen undeutlichen Gefühlen, die seine Entscheidungen hinsichtlich der Wahl des Fischplatzes und der Beurteilung des Wetters beeinflussen wollten, war er sehr skeptisch. Wenn er jedoch eine Lage nach allen ihm bekannten Gesetzen und Erfahrungen geprüft hatte, dann ließ er sich schon einmal mit einem gewissen Gottvertrauen von solchen Gefühlen leiten. Nicht aus Aberglauben oder Trägheit, sondern aus dem Wissen, daß sein Unterbewußtsein lebenslang Situationen gespeichert hatte, die er sehr wohl fühlen, aber nicht analysieren konnte.

So hatte er auch jetzt seine Entscheidung getroffen, nämlich nur die halbe Fleet auszusetzen. Bei aller Hochachtung vor der Wissenschaft hatte er dem Wetterbericht nicht vertraut. Sein mißtrauisches Unterbewußtsein hatte ihn gewarnt. Und in der Tat lag auch etwas in der Luft, das nicht nur er allein verspürte. Bei der jetzt einsetzenden Dämmerung erschien die Atmosphäre merkwürdig „grün“. Sein Entschluß, nur die halbe Fleet auszusetzen, war kein fauler Kompromiß, obwohl es so erscheinen könnte.

Während der Fleetwache blieb der Kapitän gegen alle Gewohnheit auf der Brücke. Die langsame, aber stetige Zunahme der Windstärke bestätigte seine unterschwelligen Befürchtungen. Der Wind schien weiter zuzunehmen, und somit ordnete er das Holen schon zwei Stunden vor der üblichen Zeit an. Die Besatzung spürte die besondere Situation. Jeder wußte, daß der Alte auf der Brücke stand, obwohl er von der hell beleuchteten Last aus nicht zu erkennen war. Die Netze, überraschenderweise gut mit Heringen bestückt, wurden mit aller Kraft jedes einzelnen eingeholt. Noch ging dieses ohne die Hilfe der Maschine, wobei der beginnende Sturm den Logger von dem Netz wegtrieb und dadurch das Holen immer schwerer machte. Jeder Holer wußte aber, daß der Einsatz der Maschine so spät wie möglich erfolgen mußte. Denn das Mitsteuern mit Motor konnte nur schubweise, durch Stoppen und Wiederanfahren, erfolgen. Der dazu notwendige Vorrat an Preßluft zum Starten des Motors war begrenzt. Genau im richtigen Moment, da nichts mehr zu gehen schien, hörte man auf der Last trotz des Heulens des Windes das Anspringen der Maschine. Eine tiefe Befriedigung erfüllte die Holer. Der dort oben hatte also genau erkannt, daß alle an Deck ihr Bestes gaben. Indiz dafür war, daß der Alte sich bisher jeder Anweisung enthalten hatte, was wiederum bedeutete, daß er die Qualität und die Bemühungen seiner Besatzung anerkannte. In der Tat wurde nicht nur mit aller Kraft gerissen und geschlagen, sondern auch mit Überlegung und Aufmerksamkeit gehandelt. Der eine Matrose des Freitörns unterstützte die Oudsten und Holer damit, indem er jeden Zeising mit dem Reep soweit anhievte, daß das Spireep soweit wie möglich an das Schiff herankam und möglichst grade voraus zeigte. Beim Anhieven mußte er jedoch sehr behutsam vorgehen, denn falls die Netzoberkante aus dem Wasser herausgekommen wäre, hätte das Want reißen können. Dabei mußte er sich auf Gefühl und Erfahrung verlassen, denn die Situation außenbords konnte er bei dem stark überholenden Schiff nicht dauernd übersehen. Außerdem mußte er die Umdrehungen des Spills dem Tempo der Holer entsprechend regulieren. Normalerweise eine Aufgabe des Afhauers, der dieser aber in der jetzigen Situation nicht gewachsen war. Der andere Matrose des Freitörns löste nacheinander beide Oudsten zeitweise ab, die bei diesem Wetter bis an die Grenze ihrer Kräfte die Netze von außenbords gegen den Druck des Windes und der immer gröber werdenden See heranholten.

Der jeweils frei werdende Oudste mußte derweil die an Deck außerhalb der Fächer liegenden Heringe in Körbe schaufeln und in die noch freien Backbord-Krippen schütten. Dabei half ihm der Assi, der wegen dieser besonderen Situation vom Meister im Maschinenraum abgelöst worden war. Verschnaufen gab es für niemanden. Die jetzt teilweise mitlaufende Maschine erleichterte das Holen. Doch im Wissen um die Begrenztheit der Maschinenunterstützung wurde weiter mit aller Kraft geholt. Das Bewußtsein um die seemännischen Fähigkeiten und das Einschätzungsvermögen des Kapitäns erfüllte jeden mit einem gewissen Gefühl von Stolz und Zuversicht und ließ ihn das Äußerste geben. Wurde hier doch offenbar, wie es mit der Seemannschaft des Alten bestellt war. Mitsteuern bei aufkommendem Sturm erforderte völlige Konzentration und duldete nicht die geringste Nachlässigkeit. Ziel des Mitsteuerns war, das Schiff so dicht wie möglich am Netz zu halten, damit auf der Last überhaupt noch geholt werden konnte. Es war allen klar, daß die Schwierigkeiten später erst richtig groß werden würden, wenn sie die Fleet nicht vollständig einholen könnten und somit festmachen müßten. Dazu kam, daß die Menge der Heringe für die volle Ladung und damit für die Heimreise ausreichen würde. Wie sie bei dem jetzt aufkommenden Sturm zu verarbeiten wäre, darüber machte man sich jetzt noch keine Gedanken. Der zunehmende Wind heulte immer stärker und jagte in kurzen Abständen Spritzwasser über das ganze Schiff. Regen und gelegentlicher Hagel erschwerte die Sicht zusätzlich. Eine Verständigung war nur noch durch Schreien möglich. Nach stundenlangem Kampf wurde schließlich das letzte Netz hereingeholt. Nach Aussage des Meisters wäre auch nicht mehr ein einziges Maschinenmanöver wegen Preßluftmangels durchführbar gewesen. Eine Tatsache, die der Alte seinen Leuten während des Holens der letzten Netze zugebrüllt hatte. Worauf die Männer noch einmal alle Kraftreserven mobilisiert hatten.

Normalerweise hätte der Kapitän sofort nach Einholen des letzten Netzes das Schiff auf Heimreisekurs gebracht. Das war jetzt unmöglich, da das Schiff hierbei vor dem Wind gelaufen wäre. Ein überkommender Brecher hätte bei der Fahrt vor dem Wind das ganze Deck samt Fang und Besatzung abräumen können, obwohl dieser Kurs unter voller Besegelung das Verarbeiten des Fangs und das Deck-Klarmachen sehr begünstigt hätte. Aber es wäre eine trügerische Ruhe gewesen. Ruhe insofern, weil das Schiff durch die eigene Fahrt die Windgeschwindigkeit zu verringern schien. Die sicherste Lage des Loggers bei Sturm war „mit Kopf auf See". Dabei drehte die Maschine langsam voraus, um das Schiff steuerfähig zu halten, wobei das Besansegel dieses Bemühen sehr unterstützte. Hierbei hatte man immer Spritzwasser, Regen und Hagel von vorne, was sich bei der Arbeit an Deck natürlich sehr unangenehm bemerkbar machte.

Es wurden nun die mit Hering gefüllten Krippen gegen überkommendes Seewasser mit darübergezurrten Persennings geschützt. Anschließend wurde hastig gefrühstückt. Danach machten sie die letzten leeren Fässer klar und zurrten sie vorläufig fest. Dann begann das Schlachten. Den Schlachtern erging es relativ gut dabei, denn sie saßen mit dem Rücken zum Wind, vor Regen und Spritzwasser geschützt durch Ölrock und Südwester. Anders die weiteren Beteiligten. Der Wantenehmer konnte wegen der Persennige nicht wie gewohnt sein Scheppnetz füllen. Außerdem überschwemmte das vorn überkommende Seewasser seinen Teil der Last mit glitschiger Gälle. Da nützte auch häufiges Salzstreuen nicht viel. Ebenso behindert wurde der Abholer. Die bockigen Bewegungen des Schiffes taten das Ihrige dazu. Steuermann und Spillöper hatten mit den sich selbständigmachenden Fässern zu tun. Auch kämpften sie mit Persennigen, mit denen die gepackten Fässer geschützt werden sollten. Seewasser durfte nicht in diese Fässer gelangen, weil der Inhalt damit dem Verderb ausgesetzt worden wäre. Die Hilfe des Assis und zeitweilig auch die des Kochs war dabei unentbehrlich. Somit war die ganze Besatzung im vollen Einsatz. Am besten hatte es der Meister in der Maschine. Er war dort aber nicht auf „Verholstation", d. h. Drückebergerposten. Falls der Kapitän wegen des jetzt ausgewachsenen Sturms ein Maschinenmanöver anordnete, mußte er sofort reagieren. Der Alte hatte es nicht so gut. Trotz des Tageslichts herrschte eine sehr schlechte Sicht. Daher mußte er bei offenem Brückenfenster, durch das Spritzwasser und Regen hereinpeitschten, sorgfältig Ausguck halten. Bei möglichst geringer Fahrtstufe mußte er das Schiff gegen die See halten, um zu vermeiden, daß ein Brecher an Deck kam. Das erforderte ständige Aufmerksamkeit.

Als endlich die Heringe geschlachtet waren und eigentlich nur das Fässer-Dichtmachen und Klarschiff anstanden, gab es noch eine unangenehme Überraschung. Der Alte ordnete das Aufholen der nicht ausgesetzten Netze an. Fast alle hatten sich schon auf Verschnaufen, trockene Kleidung und sogar auf Schlaf gefreut. Aber es mußte sein. Diese Netze würden sich erhitzen und hätten spätestens am nächsten Tag aufgeholt werden müssen, vielleicht sogar bei noch heftigerem Sturm.

Als nach dem Aufholen der Netze noch zusätzlich 12 Kantje unten im Netzraum verstaut werden sollten, kannte die Erbitterung vom jungen Kok-in-Ruum keine Grenzen. Zum Ende der Reise wurden dort immer 18 Fässer gestaut, damit möglichst wenig Fässer während der Heimreise an Deck blieben, die dort nur recht und schlecht gezurrt werden konnten. Bisher hatte er sich schon genug damit gequält, weil der verfügbare Raum zum Stauen der Netze stark eingeschränkt war. Und nun noch 12 Fässer extra! Voller Wut stieg er in seinen Netzraum hinab. Das Herunterpeilen der Netze war Aufgabe der Junggrade, und die würden sich einen Teufel darum scheren, ob er mit ihrem Tempo Schritt halten konnte. Seine Rufe zum Stoppen würden sie geflissentlich überhören. Er sah sich schon mit den Netzen aus der Luke herauskommen. Erstens sackten sie bei dem schnellen Tempo nicht so schnell. Zweitens würde er bei dem Tempo nicht in der Lage sein, die toten Winkel unter Deck völlig auszufüllen. Im Netzraum war noch der Wantenehmer, dem das Stauen der Fässer oblag. Der ging aber nicht aus dem Raum, sondern ohne ein Wort zu verlieren, packte er mit an. Und nun waren es diese beiden hier unten, die das Tempo forcierten. Der Kok empfand eine tiefe Dankbarkeit für Hein, der von sich aus gemerkt hatte, daß es ohne Hilfe hier nicht ginge. Folge ihrer gemeinsamen Anstrengung war, daß sogar genug Platz im Netzraum blieb, um das Werkzeug und Material aus den beiden Backskisten an Deck dort sicher zu verstauen.

Am Abend waren alle Luken geschlossen und gesichert, an Deck alles sturmfest gezurrt und die Manntaue längs Deck gespannt. Die Windhutze vom vorderen Logis war abgenommen und der Stutzen mit der Persennighaube dichtgezurrt. Da außerdem wegen des Sturms das Schott am Niedergang völlig dichtgehalten wurde, würde vorn buchstäblich „dicke Luft" herrschen. Aber dies war die einzige Möglichkeit, ein Absaufen des Logis zu verhindern.

Der Koch hatte seinen Leuten etwas Gutes tun wollen. Seine von allen anerkannte und gehaltvolle Erbsensuppe war nach einem gewaltigen, bockigen Satz des Schiffes auf der Herdplatte verzischt, und die Reste hatten den Fußboden der winzigen Kombüse glitschig gemacht. So kapitulierte er vor den Umständen. In aller Eile machte er Schmorkartoffeln, an die er seinen besten, für die Heimreise reservierten geräucherten gestreiften Speck verwendete. Dazu gab es Corned beef. Dieses Gericht ihres Kochs kam der total erschöpften und ausgehungerten Besatzung wie eine Speise aus dem Paradies vor. Sie hatten nicht erwartet, daß der Koch unter diesen Bedingungen überhaupt etwas Vernünftiges hätte zustande bringen können.

Der Sturm hatte nochmals zugenommen. Daher konnte das Schiff nicht auf Heimreisekurs gebracht werden, schon gar nicht bei Dunkelheit. Für die Wachen war der Weg nach achtern und nach vorn eine Angelegenheit auf Leben und Tod. Wenn drei größere Seen vorüber waren, einfach loslaufen und immer die Hand am Manntau! Aufatmen am Niedergang, wenn man das Schott wieder dichtknallte oder sicher auf der Brücke ankam.

Gegen Morgen hatte der Sturm etwas nachgelassen. Aber was für Seen sich da jetzt auftürmten! Trotzdem sollte Kurs geändert werden. Alle Leute wurden geweckt. In einem günstigen Augenblick wurde gedreht. Das Schiff lag nun vor dem Wind. Fock und das gereffte Großsegel wurden gesetzt, und das Schiff schien dahin zu fliegen. Dadurch entstand der falsche Eindruck, als habe der Sturm nochmals abgenommen.

Nils hatte während des Winters an der Nordwestküste Islands erheblich schwerere Seen als diese hier erlebt und freute sich über die schnelle Fahrt. Das Schiff schien durch die achterliche See förmlich geschoben zu werden und gierte zeitweise gewaltig. Das bedrohliche Rauschen, wenn eine See sich neben dem Schiff türmte und auch mal krachend das Deck überflutete, nahm er unbekümmert hin. Er sollte später diese Unbekümmertheit verlieren. Wenn die relativ kleinen Fischdampfer oder Logger wirklich von einer Serie schwerer Brecher überrollt werden, dann verliert der bisher unbekümmerte Seemann seine Unschuld. Er hat dann erfahren, daß zwischen Sein und Nichtsein nur ein Quentchen Auftrieb entscheidet. Ist die Grenze überschritten, wird er nicht mehr mitteilen können, was sein Schiff noch oder nicht mehr vertragen kann.

Der Kapitän jedenfalls wollte zu dem nun vorhandenen Risiko kein weiteres eingehen. Ein Ausguck mußte stets achteraus schauen und wahrschauen, wenn eine Serie schwerer Seen heran kam. Im Grunde machte sich das Herannahen einer schweren See für einen geübten Seemann schon frühzeitig durch eine Art beunruhigender Vibration bemerkbar. Dann wurden die Maschinenumdrehungen stark reduziert, damit bei einem überrollen das Schiff nicht durch seine eigene Schraube unter Wasser gedrückt würde. Auch zu jedem Wachwechsel wurde reduziert gefahren.

Alles atmete auf, als die Weser schließlich erreicht wurde. Das Rauschen der See wurde immer weniger und verwandelte sich allmählich in eine Art besänftigendes Kluckern an der Bordwand, das der Seemann in seiner Koje als sehr beruhigend empfand. Es erschien ihm nun, als strebte sein Schiff jetzt eifrig dem Heimathafen zu.

Nils sollte später an diese Sturmfahrt erinnert werden, als er zum erstenmal die Ouvertüre zum „Fliegenden Holländer" hörte. Mit seiner Musik hatte Richard Wagner genau das wiedergegeben, was er auf seiner Flucht auf einem Schoner bei Sturm und anschließendem Einlaufen in eine geschützte Bucht erlebt hatte. Und es konnte genauso für die damalige Heimreise gelten. Er fand den Meister Wagner manchmal zu bombastisch. Nils nahm ihm übel, daß jener die gute Sache, die er 1848 verfocht, durch sein vermeintliches Stiefellecken beim zweiten Ludwig so diskreditierte. Es hinderte ihn nicht daran, diese Musik zu schätzen, obwohl er sie nicht mit Musikverstand, sondern nur mit dem Bauch hörte.

Die Erinnerung an diese Sturmfahrt und die Ouvertüre überkam ihn sehr viel später noch einmal in einer der neumodischen Kapellen, in der sein Mentor aufgebahrt lag. In der Absicht, daß keine falschen Töne während der Trauerfeier aufkommen sollten, hatte der völlig verstörte Nils dem Pfarrer von dem Gebet des Afhauers erzählt. Wenn es richtig gehen sollte, müßte der Geistliche wohl einmal das Leben dieses Seemannes und zum anderen das des Familienvaters würdigen. Und es würde herauskommen, daß das erstere das Bedeutendere gewesen wäre – bei aller Liebe für die Familie. Aber das war wohl nicht zumutbar.

Nils mußte voller Rührung daran denken, wie ihm der alte Herr eines Tages fast scheu gestanden hatte, auf die Musik gekommen zu sein. Die Ohren hatte ihm Carlos Kleiber geöffnet, der in einer Fernsehaufzeichnung mit dem Orchester die Ouvertüre zur „Fledermaus" einstudierte. Später sei er auf Mozart gekommen. Diesen beleidigte er nicht damit, daß er dessen Schöpfungen als die eines Genies erkannte. Für ihn galt, daß sich ein Komponist mühsam das Wesen und das Funktionieren von Musik erarbeiten müßte. Musik war darin ebenso wie die Seemannschaft. Der göttliche Funke könnte nicht ohne diese Anstrengungen kommen. Voller Empörung hatte er Nils von der unwürdigen Behandlung Mozarts durch den Wiener und Salzburger Hof und seinen Schranzen berichtet.

Nils horchte auf. Was erzählte der Gottesmann da vorne? Er hatte gleichsam das schönste Gebet der Fischer an den Rand seines Sermons geklebt, und nun kam auch noch die dünne Musik dieses Hauses dazu!

Im Geiste segelte er jetzt ab und befand sich plötzlich in der kleinen Fachwerkkirche hinter dem Ostedeich. Aus Scheu vor den Geistern seiner Vorfahren, armen Moorkolonisten, die hier über zweihundert Jahre sonntags für ihr bißchen Brot dankten, hatte er diese Kirche nie betreten. Aber er wußte gut, wie es in solchen Gotteshäusern aussah, und ahnte auch, wie diese Bauern mit ihrem Gott verkehrten. Und da spielte der Kantor gelegentlich nach entsprechender Verabredung mit dem unwilligen Balgtreter „Lobet den Herren" mit der vollen Macht seiner Orgel. Und so erklang es jetzt auch in Nils' Einbildung zur Ehre Gottes und seines Kapitäns.

Sein Meister würde nun bescheiden vor seinen Gott hintreten. Gefragt, was er denn mit seinem Pfunde gemacht, würde er sagen, er habe Heringe gefangen.

Welch großes Wort!

Nils überfiel es plötzlich, daß jener ihn wie einen Sohn und er ihn wie einen Vater geliebt hatte. Und er trauerte um ihn in der würdigsten und männlichsten Weise.

Er weinte.

## Nachwort

Wir aufgeklärten Neuzeitmenschen stehen fassungslos vor Höhlenzeichnungen unserer Vorfahren aus vergangenen Jahrtausenden. Der „Wilde“, auf die Verfolgung des Wildbrets angewiesen, näherte sich diesem mit tiefer Verehrung. Ja, er verehrte es sogar als seine Gottheit, worauf die Höhlenzeichnungen hinzuweisen scheinen. Selbst dem Wild, das er zu töten im Begriff war, brachte er größte Hochachtung entgegen und beobachtete strengstens die Einhaltung der Rituale, die bei der Tötung vorgeschrieben und angemessen waren. Undenkbar, daß unsere Vorfahren mehr erlegten, als zu ihrem Überleben notwendig war. Solange sie sich an diese Gebote hielten, und ihren Gott auf diese Weise verehrten und achteten, zeigte sich dieser ihnen gnädig. Es ist wohl zu vermuten, daß der Grad der Verehrung um so höher war, je anstrengender und gefährlicher die Beute erlegt werden mußte.

Ähnlich unausgesprochene Gefühle müssen in der Brust der Loggerfischer geherrscht haben. Seit alters her verstieß diese Treibnetzfischerei nicht gegen die Gesetze der Natur. In den Netzen verfingen sich nur nutzbare Heringe. Beifang gab es so gut wie nicht, schon gar keine Jungfische. Fischbrut wurde nicht ge- oder zerstört. Der Hering wurde korrekt gekehlt, so daß er völlig ausblutete. Die Fischer unterwarfen sich Gefahren, großen Entbehrungen und harter Arbeit. Durch etwas modernere Technik und größere Schiffe wurden später die Gefahren und Entbehrungen geringer. Die Arbeit blieb hart und wurde sogar noch schwerer, weil größere Schiffe das Einholen der Netze schwieriger machten und über mehr Netze verfügten als die damaligen kleinen Segellogger.

Diese Fischer bekamen also bis zum Ende nichts geschenkt. Wie der „Wilde“, so hätten sie sich den Hering als das Abbild ihrer Gottheit vorstellen können. Ein vollendet schönes Tier, das im ganzen Schmuck seiner Schuppen unversehrt gefangen wurde. In der Höhle des Fischers wäre das Bildnis eines Herings zu finden gewesen. Es schiene nicht einmal abwegig, das Bild eines gekehlten Herings als das der Gottheit anzusehen und zu verehren. Für einen Fischermann enthält dieses Bild keinen Widerspruch. Ein sauber gekehlter Hering entbehrt für ihn nicht einer gewissen schönheitlichen Symmetrie und ist das Ebenbild der Gottesgabe und Produkt seiner Anstrengung. Es ist sein **König Hering,** den er verehrt und achtet.

Solange der Fischer die Gebote seines Gottes achtet, bietet sich dieser ihm als Beute dar und gewährt ihm sein Überleben.

In blasphemischer Überheblichkeit hat sich der Mensch über den König Hering erheben wollen. Seine modernen Schamanen in Gestalt der Wissenschaftler sprachen dem Hering seine Hoheit ab. Sie gaben ihm den Status eines niederen Tieres, das sich in immer unvorstellbareren Massen reproduzieren würde, gleichgültig in welcher Weise ihm nachgestellt werden sollte. Der Mensch verlor die Achtung vor der Gottesgabe und beachtete nicht mehr die Gebote des Fangs und der Verarbeitung. Die Laichgründe des Herings wurden mit schwerem Grundschleppgeschirr um- und umgepflügt. Später wurden mit moderner Technik die Schwärme geortet und mittels der pelagischen Fischerei (Schleppnetzfischerei, die das kontrollierte Schleppen des Netzes in jeder gewünschten Höhe über Grund zuläßt und die Fischschwärme sowie die Füllung des Netzes total mit Fernsehkameras kontrolliert) vollständig eingefangen.

Die gewaltigen Mengen Hering gelangten an Bord, innerlich verblutet und ihrer Schuppen beraubt. Ohne das Ritual der Schlachtung wurden sie an Bord in Eis eingesargt und gelangten als Zerrbild ihrer selbst an Land in die Verarbeitung, wobei der Wohlgeschmack selbstverständlich auf der Strecke blieb. Nicht genug damit, bildete sich eine Fischerei aus, die die Jungheringe systematisch abfischte und nur mäßig gekühlt anlandete. Diese Beute hatte dann ihre Konsistenz soweit verloren, daß sie mittels Rohrleitungen abgesaugt und direkt der Fischmehlproduktion zugeleitet werden konnte!

Der herkömmliche Fischer erkannte die Sünde und wandte sich ab mit Grauen.

König Hering hat sich dem Menschen versagt und wird ihn seiner Gnade in absehbarer Zeit nicht teilhaftig werden lassen.

## Sachwortverzeichnis

**Achtergast** – Bewohner des achtern gelegenen Logis.

**Afhauer** – Decksjunge, während des Holens am Spill. Holte den Reep heran, der in mehreren ⟶ Buchten oder ⟶ Törns um die senkrechte Spilltrommel gelegt war.

**Anstecken** – Anknoten, hier mittels Webeleinsteeks.

**Antreiben** Faßringe werden mittels eines Treibholzes und Hammers beim senkrecht aufgestellten Faß von der Oberkante (Kimm) her zur bauchigen Mitte hin angetrieben. Dadurch werden die Dauben (Längsbretter) des Fasses zusammengepreßt. Das Faß wird damit wasserdicht.

**Aufholen** – Gegenstände aus einem tiefer gelegenen Raum heraufholen. Hier, Reep aus dem Reepraum per Hand aufholen, Netze mittels ⟶ Aufholerrolle aus dem Netzraum holen. Ein Matrose holt die Floten, ein anderer das Want.

Fässer aus dem Raum holen. Mit Anschlaggeschirr (Haketau), bei dem zwei Haken in die Faßkanten eingehakt werden. Leere Fässer werden Hand über Hand aufgeholt. Volle Fässer (Salz, Kohle, Wasser, Salzhering) werden über eine Rolle, die am ⟶ Genickstag befestigt ist, mittels des dampfgetriebenen ⟶ Spillkopfes aufgeholt.

**Aufholerrolle** – Material: Holzbretter auf Metallrahmen, Durchmesser ca. 50 cm. Wird beim Aussetzen über den Netzräumen eingehängt. Zur Erleichterung wird diese Rolle über den ⟶ Spillkopf mittels eines Treibriemens angetrieben.

**Aufschießen** – gleichmäßiges, kreisförmiges Legen der ⟶ Buchten von Tauwerk in Schichten.

**Aussingen** – Mitteilungen an die Besatzung oder Teile derselben werden im Sprechgesang, durch eindringliches Sprechen oder Rufen (auch in Versform) bekanntgegeben.

**Back** – mehrfache Bedeutung, z. B. hinterer oder seitlicher Teil eines Raumes, Tisch, oberes Vordeck, Eßgeschirr, Schale u.v.a.m.

**Backschaft** – Vorbereitung zum Essen und Abräumen nach dem Essen.

**Balje** – Holzgefäß in Form eines halben Fasses.

**Besan** – achteres Gaffelsegel. Mittels dieses Segels wurde das Schiff hinter der Fleet ständig „Kopf auf See“ gehalten.

**Besatzung** eines Heringsloggers (Gesamtzahl 17 Mann):

Kapitän, Patent B-3, Kapitän in mittlerer Hochseefischerei.

Steuermann, Patent B-2, Steuermann in mittlerer Hochseefischerei. 4 Monate = 1 Semester Seefahrtschule, meist im Winter im Kreis Minden. Nach zweijähriger Fahrtzeit als Steuermann Aushändigung des Patents B-3, s. o.

Meister, Maschinist mit dem Patent C-2 (1 Semester Maschinistenschule. Vorher Lehrzeit als Maschinenschlosser und Fahrtzeit als Assistent).

Assi – Maschinenassistent.

Koch.

Diese Männer hatten ihr Logis achtern unter Deck. Auf den neueren Loggern hatte der Kapitän eine eigene Kammer im Deckshaus.

Im Logis vorne unter Deck wohnten:

1 Wantenehmer, Matrose; 2 Spillöper, Matrosen; 3 Matrosen, keine spezielle Funktion; 1 Kok-in-Ruum, Matrose; 2 Oudsten, Leichtmatrosen; 1 Jüngster, Leichtmatrose; 1 Afhauer, Decksjunge; 1 Reepschieter, Decksjunge.

**Blase** – Leinwand/Nesselballon mit innen Teer, außen weißer Farbe beschichtet. Durchmesser 50–60 cm. Der Bezug war an einem Holzbrett befestigt. Darin befand sich ein Luftloch, durch das die Blase mit Kompressorluft aufgefüllt wurde. Verschluß durch Werg-Teer-Pfropfen. Das Auffüllen hatte der Jüngste zu besorgen. An dem Holzbrett war auch das ⟶ Brailtau befestigt. Diente als Treibkörper, um die Fleet an der Oberfläche zu halten.

**Bilge** – Kanal im Laderaum, der alles eingedrungene Wasser, Pökel und Schweißwasser dem Saugkorb der Lenzpumpe zuführte.

**Brail** – faßähnlicher Treibkörper als Vorgänger der ⟶ Blase.

**Brailkrippe** – Stauraum auf dem Vordeck zur Aufnahme der ⟶ Brails bzw. der ⟶ Blasen.

**Brailtau** – ca. daumendickes Tau, Länge ca. 6 Meter, das mit der Blase bzw. Brail fest verbunden ist. Diente zur Befestigung der Schwimmkörper am Reep.

**Bucht** – kreisförmige Anordnung von Tauwerk ( siehe auch ⟶ Reep) bei der Lagerung oder auch beim Knoten.

**Decksbauern –** Spottname für alle Besatzungsmitglieder des Decksbereichs.

**Dissel** – leichter Hammer zum ⟶ Kalfatern der Fässer.

**Drehknüppel** – Rundholz von ca. 80 cm Länge, an dessen Mitte ein Stück breit geflochtenes Stoppertau befestigt ist. Dieses Stoppertau wird mit mehreren Törns um den Reep gelegt und festgehalten. Durch Drehen des Rundholzes wird der Reep derart getörnt, daß mit etwas Glück das Want sich außenbords abwickelt und somit vom Reep freikommt.

**Euphemismus** – (hier zitiert aus dem Großen Knaur): Beschönigende, verhüllende Redeweise (z. B. „unzart behandeln“ statt „verprügeln“).

**Fach** – 1. Teil der ⟶ Krippe.

2. Teil des ⟶ Laderaums unter der ⟶ Last. Dieser war mit Holzbrettern abgeschottet zur Aufnahme des Frischherings bis zum Schlachten, wenn der Raum in den ⟶ Krippen nicht ausreichte.

**Fell** – Schürze aus gefirnißtem, steifem Nesseltuch. Wurde getragen beim Holen, Aussetzen, Schlachten, Fässer-Dichtmachen.

**Festmachen** – hier: Das Holen unterbrechen. Dabei wurden die außenbords bleibenden von den bereits geholten Netzen abgetrennt. Anschließend wurde der Reep um mehrere Netzlängen ausgesteckt und festgemacht.

**Fingerlinge** – 1. gestrickter Schutz aus Wolle für Zeige- und Mittelfinger beim Schlachten.

2. dito für Zeige-, Mittel- und Ringfinger als Schutz beim Holen am Want. Mußte sich jeder selbst kaufen.

**Fleet** – Gesamtheit von Netzen, Reep und Blasen.

**Floten** – Korken als Schwimmkörper an der Oberkante der Netze.

**Freitörn** – wachfreie Zeit. Hier: Verschnaufpause beim Holen.

**Fristbinden** – Schutzbinden aus Flanell, die das Aufscheuern der Handgelenke (englisch: wrist) durch ⟶ Mauen oder Ölrockärmel verhindern sollten. Mußten nach Gebrauch stets gut mit Frischwasser gespült und getrocknet werden.

**Gälle** – Innereien des Herings, die beim Schlachten entfernt wurden.

**Gangspill** – mit Muskelkraft betriebene Anker- bzw. Netzwinde.

**Genickstag** – Drahtseil vom Achter- zum Großmast. An diesem Drahtseil konnte das ⟶ Löschgeschirr über die jeweils zu bearbeitende ⟶ Luke geholt und arrettiert werden.

**Gieren** – starkes, wechselseitiges Abweichen des Schiffes vom Kurs, bedingt durch schwere Seen oder starke Strömung.

**Hamen** – reusenartiges Netz, das mittels eines Metallrahmens eine quadratische Öffnung hat.

**Hole** – das Einholen der Netze.

**Holzklinken** – Holzsandalen mit Lederoberteil.

**Hupen** – eiserne Faßringe.

**Hupstock** – runder, konisch geformter Holzpfropfen zum Verstopfen von Löchern, die entweder zur Reparatur oder zur Dichtigkeitskontrolle in das Faß gebohrt wurden. Rohmaterial wurde in Form von passenden Holzleisten als kostenlose Reedereileistung geliefert. Herstellung durch die Jungen während ihrer Freizeit bzw. beim „Wache ansprechen“.

**Junggrad** – Sammelbegriff für Jungen und Leichtmatrosen. Als Gruppe auch „Geschwader“ genannt.

**Kantje** – genormtes Faß, gefüllt mit Salzheringen (ganzes Faß). Inhalt je nach Größe der Heringe, ca. 800 Stück. Weitere Größen im Handel an Land: Halbes-, Viertel- und Achtel-Faß.

**Kalfatern** – eigentlich das Abdichten der Nähte zwischen den einzelnen Planken des Schiffes mit Werg und Pech. Hier Abdichten der Nähte zwischen zwei Dauben des Fasses.

**Kap** – geschützter Eingang zum Logis.

**Keeken** – Heringe schlachten, durch Entfernen der Kiemen, Brustflossen und Eingeweide.

**Keekmesser** – Messer zum Schlachten der Heringe.

**Kimmhupen** – eiserner Faßreifen, der den Faßrand zusammenhält und damit auch Boden und Deckel des Fasses fest einklemmt.

**Klinke** – Rückhaltehaken am Zahnkranz des Spills.

**Klüse** – normalerweise Loch im Deck oder Schanzkleid, aus der Ankerketten oder Tauwerk heraus- oder hereingelassen werden kann. Auf den Logger waren diese als halbkreisförmige Ausschnitte im Schanzkleid (Reeling) eingelassen. In diese Klüse wurde der Reep nach dem Aussetzen, abgepolstert durch ein sogenanntes Bett aus Tauwerk, hineingelegt. Durch diese Klüse wurde auch der Reep eingehievt.

**Kok-in-Ruum** – Matrose, der für den Stau der Netze verantwortlich ist.

**Krippe** – Holzkästen mit je drei Fächern an beiden Seiten der → Last. Über diesen Fächern wurden die Netze ausgeschlagen.

**Laatsches** – ursprünglich von den Loggerfischern selbst hergestellte Seestiefel aus ungegerbtem Ochsenleder-Oberteil mit Holzsohlen.

**Laderaum** – diente zur Aufnahme der Fässer. Mit Eisenstangen derart unterteilt, daß die Fässer zwischen ihnen festgestaut werden konnten. Zwei Lukenreihen vom Brückenaufbau bis zum Spill bildeten den Zugang.

**Last** – Teil des Decks, über den mittschiffs die Netze von der Steuerbord- oder Backbordseite hereingeholt wurden.

**Löschgeschirr** – Vorrichtung zum Löschen oder Laden der Fässer. Quertau mit zwei Haken zum Anschlagen (Einhaken) der Fässer. Mit zwei daran befestigten Tauen konnte das angeschlagene Faß dirigiert werden. Die zwei Taue liefen über ein Joch zu einem Heißtau, mit dem über den → Spillkopf und einer am → Genickstag befestigten Rolle das Faß gehievt und gesenkt werden konnte. Die Rolle konnte mittels Vor- und Rückholers (Taue zum Groß- und Achtermast) genau über der zu bearbeitenden Luke plaziert werden. Dieses Geschirr diente auch zum Löschen und Laden im Hafen.

**Luke** – Öffnung des Decks als Zugang zu Netz-, Reep- oder Laderaum.

**Lukendeckel** – wasserdichter Verschluß, mit dem jeder Raum sicher verschlossen werden konnte.

**Manntau** – ein starkes Seil, das bei Sturm von vorn nach achtern längs Deck gespannt wird. Dieses Tau ergreifen die Seeleute, damit sie bei einem überkommenden Brecher nicht weggespült werden.

**Mantje** – durchlässiger Korb, aus dem heraus der Schlachter die Heringe nahm. Die Durchlässigkeit sollte die Gälle abfließen lassen.

**Matjes** – Fetthering, der kurz vor der Milch- und Rogenentwicklung steht. Eignet sich zur leichten Salzung und hat – wenn im frischen Zustand geschlachtet – den besten Geschmack und ist damit beste Qualität. Name wird heute oft für minderwertigen Salzhering mißbraucht.

**Mauen** – Ölzeugärmel, die mit Bändseln oberhalb der Armbeuge befestigt wurden. Siehe auch ⟶ Fell.

**Milch** – Samen des männlichen Herings.

**Moker** – schwerer Handhammer.

**Ölzeug** – allgemein Ölmantel ohne Knöpfe. Wurde mit ⟶ Südwester an Deck bei schlechtem Wetter getragen. Material wie ⟶ Fell.

**Pedigree** – Stammbaum, Abstammung.

**Persenning** – starkes Segeltuch.

**Praietje** – Unterhaltung von Schiff zu Schiff. Fand meistens nur zwischen den Kapitänen statt, wobei der ankommende Logger sich in Rufweite des anderen Schiffes legte.

**Reep** – dickes, geteertes Tau, an dem die Netze befestigt waren.

**Reff** – Vorrichtung, die durch Zusammenbinden der Segelleinwand eine Verkleinerung der Segelfläche ergibt. Dazu sind am Segel die sogenannten Reffbändsel angebracht.

**Rogen** – Eier des weiblichen Herings.

**Rudergänger** – Matrose, der während seiner Wache das Schiff steuert.

**Scheppen** – Befüllen der Schlachtkörbe mit dem ⟶ Scheppnetz.

**Scheppnetz** – ein an einem Metallrahmen und ca. 2,50–3 m langem Holzstiel befestigtes grobmaschiges Netz zum Befüllen der Schlachtkörbe.

**Salvarsan** – Arsen-Benzol-Verbindung. Arzneimittel gegen Syphilis.

**Schipzeising** – der ⟶ Zeising des zuletzt ausgesetzten Netzes, also der, der am nächsten zum Schiff am Reep festgemacht war. Zwischen Schipzeising und Schiff waren ca. 200 bis 300 Meter zusätzliches Reep ausgesteckt.

**Schlagpütz** – Holzeimer mit Leine zum Aufschlagen des Seewassers von außenbords.

**Schott** – eigentlich feste Wand im Schiff zwischen zwei Räumen bzw. eine Tür. Hier: Platz in der ⟶ Krippe, von dem zwei Matrosen die Netze außenbords werfen.

**Schwarze** – Spottname für Leute aus der Maschine.

**Seemannsamt** – Aufsichtsbehörde für die Seefahrt. Zuständig besonders für die Beurkundung von Beginn und Ende der Dienstverhältnisse.

**Spillkopf** – am Dampfspill seitlich angebrachte muldenförmige Rolle, die gesondert zugeschaltet werden konnte. 1. zum Antrieb der ⟶ Aufholerrolle mittels Treibriemens; 2. zum Hieven und Senken des Löschgeschirrs; 3. zum Bedienen der Aufholer der Fock und des Großsegels; 4. zum Aufholen der Lotleine.

**Spireep** – obere Tauwerksanordnung des Netzes, an der die Maschen angeschlagen wurden (mittels Netznadel und Netzgarns).

**Steek** – allgemein Knoten.

**Südwester** – Regenhut aus ⟶ Ölzeug, der neben dem Kopf auch die Halspartie abdeckt.

**Talje** – Flaschenzug.

**Takelgarn** – geteertes, dünnes Garn.

**Törn** – wörtlich Drehung. Hier: Windung eines Tauwerks um 360 Grad, siehe auch ⟶ Buchten, z. B. „drei Törns auf den Spillkopf nehmen" bedeutet, die holende Part eines Tauwerks oder Drahtes dreimal um den Spillkopf legen zum Heben oder Senken.

**Törn-to** – Aufforderung zur Arbeitsaufnahme.

**Treibholz** – eisenbewehrtes Holzteil, mit dem die ⟶ Hupen eines Fasses ⟶ angetrieben werden konnten.

**Tutti** – Teil eines Musikwerks, in dem alle Instrumente in Aktion sind.

**Vorderruder** – Steuereinrichtung am Vorschiff.

**Vollhering** – Hering, der in Kürze laichreif sein wird, d. h., Rogen und Milch sind fast vollständig entwickelt, haben jedoch noch eine feste Konsistenz.

**Want** – hier als Begriff für das Maschenwerk der Netze.

**Wanten** – 1. Stützdrahtseile seitlich für die Masten; 2. dicke Filzhandschuhe, besonders für die Oudsten beim Einholen des ⟶ Spireeps.

**Warback** – Trog zum Vermengen des Salz/Heringsgemisches.

**Wahrschauen** – warnen.

**Windhuze** – röhrenartiger Belüfter, der gegen oder in die Windrichtung gedreht werden konnte. Bei schlechtem Wetter konnte der drehbare Aufsatz abgenommen werden. Der Stutzen wurde dann mit einer Persennigmütze dichtgezurrt.

**Windverlauf** – So wurde auf den Loggern die Änderung der Windrichtung von der Zeit des Aussetzens bis zum Holen bezeichnet. Da der Wind meistens seine Richtung im Uhrzeigersinn ändert, folgte daraus, daß in der Regel über Steuerbordseite geholt wurde. Bei einer derartigen Richtungsänderung beschrieb die Fleet eine Art Kurve nach Steuerbord. Damit kam das Netz beim Hieven des Reeps an Steuerbord frei. Bei Windrichtungsänderung gegen den Uhrzeigersinn kam das Netz an Backbord frei. Somit wurde dann das Holen an dieser Seite notwendig.

**Zeising** – Tauwerk einer bestimmten Länge, hier zur Verbindung zwischen Netz und Reep.

**Zurren** – Sichern von Gegenständen gegen Seewasserschlag und Seegang mit Tauwerk oder Drahtseilen.

**Zutschen** – Abstoppen eines auslaufenden Tauwerks oder Drahtes, indem mit mehreren ⟶ Buchten des Stoppertaus (Sweep) das auslaufende Gut eingeklemmt und damit gestoppt wird. Um ein Brechen des zu stoppenden Guts zu vermeiden, werden die Stopperbuchten zeitweise kurz gelöst, so daß ruckweise (zutschend) gestoppt wird.